Estudios Botánicos en la "Reserva ENDESA" Pichincha - Ecuador

Editado por
Peter Møller Jørgensen y Carmen Ulloa U.

AAU REPORTS 22

Botanical Institute Aarhus University 1989
this issue in collaboration with
Pontificia Universidad Católica del Ecuador, Quito

Contenido

Prefacio

Las publicaciones aquí presentadas son un resultado más de la estrecha colaboración mantenida desde 1968 entre el Instituto Botánico de la Universidad de Aarhus y el Departamento de Ciencias Biológicas de la Pontificia Universidad Católica del Ecuador (PUCE).

Mediante gestiones realizadas en 1981 con mis colegas los Drs. Lauras Arcos T. y Tjitte de Vries, la PUCE estableció un convenio con la empresa ENDESA (Enchapes Decorativos S.A.), con el propósito de llevar a cabo el proyecto "Inventario Florístico y Taxonómico" de la denominada "Reserva ENDESA" en los predios de dicha empresa.

El trabajo de campo fue coordinado por el Lcdo. Jaime Jaramillo, quien realizó las colecciones generales y trabajó sobre la familia Flacourtiaceae. Cuatro estudiantes iniciaron estudios taxonómicos de determinados grupos de plantas para la obtención de la Licenciatura en Ciencias Biológicas: Ana Argüello de Aguirre (Arecaceae y Cyclanthaceae), Nancy Betancourt U. (Melastomataceae), Jimena Rodríguez de Salvador (*Anthurium*, Araceae) y Carmen Ulloa U. (Zingiberales). La edición de estos trabajos ha estado a cargo de P. M. Jørgensen y C. Ulloa.

Los estudios de las plantas tropicales siempre han sido una gran preocupación del Instituto Botánico de la Universidad de Aarhus. Por tal razón, me alegra mucho ver que estos resultados, iniciados mientras estuve residiendo en Quito, sean ahora publicados.

Henrik Balslev, Ph. D.

Diciembre de 1989

Agradecimientos

Agradecemos a todos los que hicieron posible este trabajo, creando un ambiente provechoso para los estudios botánicos. Mención especial merecen la empresa ENDESA y la Corporación Forestal Juan Manuel Durini, quienes establecieron una reserva de bosque húmedo tropical en sus terrenos y colaboraron económica y logísticamente. Nuestro reconocimiento a los Drs. Tjitte de Vries, Laura Arcos Terán y Nelly Hinojosa del Departamento de Ciencias Biológicas de la Pontificia Universidad Católica del Ecuador, Quito, y Henrik Balslev, Simon Lægaard y Bo Boysen Larsen, del Instituto Botánico de la Universidad de Aarhus, por su motivación y apoyo durante el trabajo.

Queremos agradecer a todos los especialistas que han colaborado con la identificación del material recolectado: L. Andersson (GB), Heliconiaceae y Marantaceae; H. Balslev (AAU), Arecaceae; R. Callejas (HUA), Piperaceae; T. B. Croat (MO), Araceae; W. G. D'Arcy (MO), Solanaceae; C. Dodson (MO), Orchidaceae; J. Dransfield (K), Arecaceae; J. D. Dwyer (MO), Rubiaceae; A. Gentry (MO), Bignoniaceae; G. Harling (GB), Cyclanthaceae; W. S. Hoover (MO), Begoniaceae; H. Kennedy (UBC), Marantaceae; L. P. Kvist (AAU), Gesneriaceae; J. L. Luteyn (NY), Ericaceae; H. Luther (SEL), Bromeliaceae; S. Lægaard (AAU), Cyperaceae y Poaceae; P. J. M. Maas (U), Costaceae y Zingiberaceae; S. Mayo (K), Araceae; A. Meerow (FLAS), Amaryllidaceae; S. A. Mori (NY), Lecythidaceae; B. Øllgaard (AAU), Pteridophyta; M. Vodicka (BH), Flacourtiaceae y J. Wurdack (US), Melastomataceae.

Además, queremos agradecer a P. Mena y G. Paz y Miño por la revisión del texto y a Anni Sloth por la asistencia técnica en las figuras.

Contribuyentes

Ana Argüello de Aguirre, *Herbario QCA, Departamento de Ciencias Biológicas, Facultad de Ciencias Exactas y Naturales, Pontificia Universidad Católica del Ecuador, Apartado 2184, Quito, Ecuador;* dirección actual: *Edificio Multicentro, Apartamento 10D, 6 de Diciembre y La Niña, Quito, Ecuador.*

Nancy Betancourt U., *Herbario QCA, Departamento de Ciencias Biológicas, Facultad de Ciencias Exactas y Naturales, Pontificia Universidad Católica del Ecuador, Apartado 2184, Quito, Ecuador;* dirección actual: *Av. Circunvalación, Ficoa, Ambato, Ecuador.*

Jaime L. Jaramillo A., *Herbario QCA, Departamento de Ciencias Biológicas, Facultad de Ciencias Exactas y Naturales, Pontificia Universidad Católica del Ecuador, Apartado 2184, Quito, Ecuador.*

Peter Møller Jørgensen, *Botanical Institute, Aarhus University, 68 Nordlandsvej, 8240 Risskov, Dinamarca.*

Jimena Rodríguez de Salvador, *Herbario QCA, Departamento de Ciencias Biológicas, Facultad de Ciencias Exactas y Naturales, Pontificia Universidad Católica del Ecuador, Apartado 2184, Quito, Ecuador;* dirección actual: *3 Chemin des Baules, 1268 Begnins, Suiza.*

Carmen Ulloa U., *Herbario QCA, Departamento de Ciencias Biológicas, Facultad de Ciencias Exactas y Naturales, Pontificia Universidad Católica del Ecuador, Apartado 2184, Quito, Ecuador;* dirección actual: *Department of Systematic Botany, University of Göteborg , Carl Skottsbergs Gata 22, S-413 19 Göteborg, Suecia.*

1. Inventario Florístico de la "Reserva ENDESA".

Por **Jaime L. Jaramillo A.** y **Peter Møller Jørgensen**

La "Reserva ENDESA" fue establecida en 1981 por la empresa ENDESA (Enchapes Decorativos S.A.), que forma parte de la Corporación Forestal Juan Manuel Durini, cuando se firmó un convenio con la Pontificia Universidad Católica del Ecuador. El propósito del convenio fue el de realizar proyectos de investigación de la flora y de la fauna. En 1983 los botánicos del Herbario QCA tomaron la inicitiva de hacer colecciones generales y de determinados grupos, especialmente Arecaceae y Cyclanthaceae, Melastomataceae, *Anthurium* (Araceae) y las familias del orden Zingiberales.

Este artículo presenta una introducción a los siguientes capítulos, por lo tanto se incluyen aquí el área de estudio y los materiales y métodos aplicados en todos los trabajos taxonómicos.

Como resultado de las colecciones en general, se presenta una lista de las especies encontradas en el área llamada "Reserva ENDESA" y sus alrededores, y, una comparación con tres áreas de similar tamaño ubicadas en la costa ecuatoriana, a saber: el Centro Científico Río Palenque (Dodson & Gentry, 1978), la Estación Biológica Pedro Franco Dávila – Jauneche y finalmente Capeira (Dodson et al. 1986).

Materiales y Métodos

El trabajo de campo consistió en salidas periódicas cada mes, desde 1983 hasta 1986. La duración de las estadías varió entre 3 y 21 días de acuerdo con los objetivos que se plantearon en cada uno de los viajes.

Los especímenes se prensaban y colocaban en fundas plásticas con alcohol al 70% para su posterior secado, o se usaban secadoras portátiles en el campo. Las flores y los frutos de los grupos de especial interés se preservaban en alcohol al 70% para los estudios en el laboratorio.

La identificación de las muestras recolectadas se hizo comparándolas con los especímenes del Herbario QCA y la bibliografía disponible, pero más importante fue el envío de duplicados a los especialistas de cada grupo.

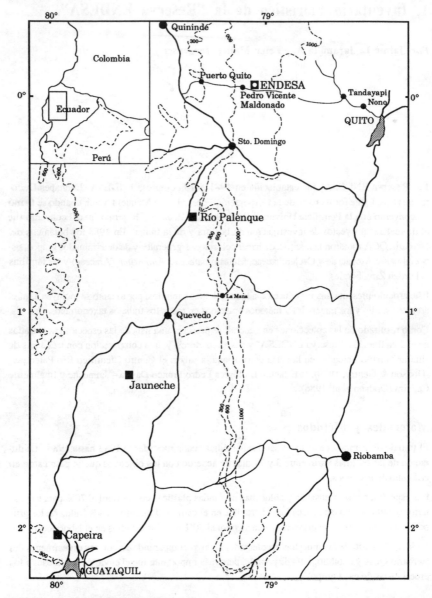

Figura 1. Ubicación de la "Reserva ENDESA", el Centro Científico Río Palenque, Jauneche y Capeira (modificado de Dodson *et al.*, 1986).

Ubicación

La "Reserva ENDESA" está ubicada en el noroccidente de la provincia de Pichincha, Ecuador (00° 03´N 79°07´W) entre 650 y 800 m.s.n.m., en los terrenos de la empresa ENDESA, 10 km al norte del caserío Alvaro Pérez Intriago, el cual se encuentra en el km 113 de la carretera Quito – Puerto Quito (Fig. 1). Está en la zona de vida de Bosque Pluvial Premontano (Cañadas, 1983). Comprende aproximadamente 85 hectáreas de bosque primario, está atravesada por el río Cabuyales y en sus alrededores se encuentran tanto vegetación secundaria como zonas de reforestación. El río Cabuyales desemboca en el río Blanco que, conjuntamente con los ríos Quinindé, Guallabamba y Camande, forman el río Esmeraldas.

Clima

La zona tiene una precipitación media anual de 5.545 mm, sin estaciones marcadas (similar a Lita, figura 2). Los meses más lluviosos, según la estación metereológica de Pedro Vicente Maldonado, van de noviembre a mayo, con una fluctuación entre 399 y 881 mm por mes y, los meses menos lluviosos van de junio a octubre con una fluctuación entre 145 y 242 mm por mes (INECEL, 1977–80). La temperatura media anual supera los 20°C (en relación con la estación meteorológica de Los Bancos que reporta 19.9°C a 1.115 m.s.n.m.).

Suelo

La zona de estudio comprende un gran cono de esparcimiento compuesto por un relieve colinado bajo con pendientes de 12–40%. Se encuentra una gran cantidad de depósitos de ceniza volcánica debido al arrasue de este material desde el volcán Pichincha.

El suelo está litológicamente formado por una alternancia de capas de arena, arcilla y conglomerados, en su mayoría de origen volcánico. El tipo de suelo corresponde a *Dystandepts*, esto es, un suelo franco a franco-arenoso de 0.8 a 2 metros de profundidad.

Un perfil hecho 0.7 km al norte de Pedro Vicente Maldonado muestra un suelo antiguo de aproximadamente 54 cm de profundidad, que fue cubierto por depósitos de erupciones recientes. Sobre este suelo fósil se ha formado uno más reciente de aproximadamente 94 cm de profundidad. De acuerdo con las características de aptitud, esta zona correspondería a una zona marginal para cultivos si se aplican fuertes medidas de protección. Los factores limitantes serían sus pendientes, la profundidad del suelo menor a 100 cm, la saturación del suelo menor al 50% y los procesos muy leves de erosión por escurrimiento (Com. pers. Ing. E. Maldonado, MAG).

Cobertura Vegetal

La vegetación de la "Reserva ENDESA" está dominada por plantas leñosas, principalmente árboles que fluctúan entre 10 y 40 metros de alto. Las observaciones realizadas en el bosque primario permiten el reconocimento de cuatro estratos; de éstos, tres son leñosos y uno arbustivo y herbáceo; además hay dos formas de vida especiales: lianas o trepadoras y epífitas.

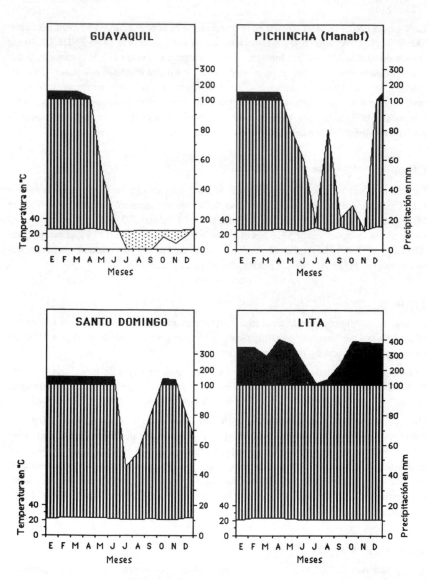

Figura 2. Diagramas climáticos de estaciones meteorológicas situadas cerca de las cuatro áreas comparadas: "Reserva ENDESA", Río Palenque, Jauneche y Capeira; véase también figura 1.

El primer estrato es discontinuo y comprende árboles emergentes de 30 a 40 metros (raramente 60 m) de alto con una copa ramificada muy amplia y frecuentemente presentan contrafuertes o raíces aéreas en la base. Los árboles más representativos son: *Ceiba pentandra* (Ceibo), *Pouteria capacifolia* (Zapote), *Clusia dixonii, Carapa guianensis* (Tangaré), *Protium ecuadorense* (Anime), *Pterocarpus* sp., *Ficus garcia-barrigae* (Higuerón), *Brosimum utile* (Sande), *Dialyanthera gordoniifolia* (Cuangaré) y *Virola dixonii* (Coco).

El segundo estrato es más continuo y junto con el anterior, impiden el paso de la luz hacia abajo. Comprende árboles de 15 a 30 metros de alto con un número considerable de individuos jóvenes del estrato superior, pero también tiene sus representantes característicos, tales como: *Gustavia pubescens, Wettinia quinaria, Iriartea deltoidea, Swartzia littlei* (Canelón), *Matisia cordata* (Zapote o Dedo), *Matisia grandifolia* (Zapote o Dedo), *Grias* sp., *Brownea herthae* (Flor de mayo o Clavellín), *Casearia* sp., *Coutarea hexandra* y *Heisteria acuminata*.

El tercer estrato está formado por árboles, jóvenes y maduros, arbustos y hierbas gigantes de 2 a 15 metros de alto que dejan muy pocos claros ya que la densidad del follaje y de las ramas es mayor que en ningún otro estrato. Las plantas representativas son: *Tovomita weddelliana, Calathea* spp., *Renealmia thyrsoidea, Ischnosiphon inflatus, Geonoma* spp., *Heliconia* spp., *Piper fuliginosum, Piper florencianum, Piper pennellii, Miconia* spp., *Ossaea* spp., *Neosprucea pedicellata, Carpotroche platyptera, Psychotria* spp., *Palicourea* sp., *Bonafousia longituba, Daphnopsis* sp., *Urera baccifera, Clavija membranacea, Carica microcarpa, Passiflora macrophylla, Cestrum megalophyllum* y *Siparuna* sp.

El cuarto estrato o de bajo crecimiento, con vegetación de hasta 2 m, comprende arbustos, plantas herbáceas y un extenso número de vástagos y semillones. Es el estrato menos denso debido a la poca penetración de la luz solar. Las especies representativas son: *Besleria* spp., *Gasteranthus* spp., *Drymonia turrialvae, Alloplectus dodsonii, Phurus* spp., *Orthoclada laxa, Selaginella* sp., *Pavonia* sp., *Costus* spp., *Commelina elegans, Dichorisandra* spp., *Eucharis astrophiala, Podandrogyne brevipedunculata, Anthurium* spp., *Chlorospatha* spp., *Triolena* spp. y varias familias de helechos tales como Pteridaceae, Blechnaceae, Polypodiaceae, Davalliaceae, Dryopteridaceae, Aspleniaceae y Dennstaedtiaceae.

Las lianas y las trepadoras se encuentran en todos los estratos del bosque; son plantas que poseen raíces en el suelo, pero necesitan soporte para que sus tallos flexibles lleguen al dosel superior, donde entran a competir con los árboles por la luz solar. Entre las especies más representativas están: *Mendoncia brenesii, Ipomoea phyllomega, Cayaponia macrocalyx, Gurania* spp., *Mucuna* sp., *Adelobotrys adscendens, Blakea* spp., *Anthurium* spp., *Monstera* spp., *Sarcopera cordachida, Philodendron* spp., *Schlegelia sulphurea* y *Passiflora* sp.

La vegetación epífita está representada por arbustos, hierbas, musgos y líquenes. Entre los arbustos podemos mencionar: *Psammisia* spp., *Macleania* spp., *Cavendishia* spp., *Piper veneralense*; y entre las herbáceas: *Pitcairnea bakeri, Guzmania* spp., *Oncidium toachicum, Elleanthus graminifolium, Epidendrum* aff. *gentryi, Pleurothallis cordata, Maxillaria* sp., *Trigonidium insigne, Columnea densibracteata, Drymonia warczewiciana, Huperzia* sp., *Peperomia* spp., *Begonia maurandiae, Vittaria* spp. y *Anthurium* spp.

Dentro de la reserva hay sectores con una vegetación diferente a la descrita. Uno de éstos constituye un área de 6 a 8 hectáreas de bambú (*Guadua angustifolia*). Además, en las márgenes del río se encuentra una vegetación herbácea pionera mezclada con elementos del bosque primario. Las herbáceas están representadas por las familias: Araceae, Cyclanthaceae, Cyperaceae, Selaginellaceae, Zingiberaceae y Marantaceae; y entre las leñosas se encuentran: *Zanthoxylum* sp., *Guateria* sp., *Schefflera* sp., *Guarea glabra, Clusia* spp., *Cestrum megalophyllum, Bauhinia* sp., *Brownea herthae, Inga* sp., *Ficus* spp., *Protium ecuadorense* y *Carapa guianensis*.

En los alredededores de la reserva se encuentran un bosque secundario muy denso, con muchas especies pioneras, y las zonas de reforestación. En estas áreas existen algunos remanentes de la vegetación primaria con especies tales como: *Carapa guianensis, Coutarea hexandra, Coussapoa* spp., *Pouteria capacifolia, Jessenia bataua, Iriartea deltoidea, Wettinia quinaria, Vismia baccifera, Banara guianensis, Brownea herthae, Swartzia littlei, Cyphomandra hartwegii, Solanum lanceifolium* y *Solanum schlechtendalianum*, en las cuales fácilmente se puede apreciar la vegetación epífita.

La empresa ENDESA tiene un ambicioso programa de reforestación y en la actualidad se encuentra realizando ensayos con especies nativas como: *Cordia alliodora* (Laurel), *Juglans neotropica* (Nogal o Tocte), *Schizolobium parahybum* (Pachaco, de origen inseguro, probablemente del Brasil), *Virola dixonii* (Coco), *Brosimum utile* (Sande) y *Hieronyma chocoensis* (Mascarey). Además, se están empleando especies exóticas como: *Melia azedarach* (Paraíso), *Gmelina arborea, Spathodea campanulata* (Tulipán), *Pinus caribea, P. ocarpa* y *P. radiata* (los tres últimos se conocen como Pinos).

Especies encontradas

Los resultados se presentan en una lista alfabética de las pteridofitas y las angiospermas encontradas en la "Reserva ENDESA" y sus alrededores. Se presentan las especies ubicándolas en vegetación primaria y/o secundaria, y, el hábito como: árbol (AR), arbusto (ar), bejuco o liana (Li), trepadora (Tr), epífita (Ep), hierba (Hi) o parásito (Pa); o combinaciones de las formas de vida como por ejemplo "Epar" si se trata de una epífita arbustiva.

En la vegetación primaria se incluye un número (del 1 al 4) que indica el estrato en el cual la especie es más frecuente. En la zona secundaria se han incluido plantas cultivadas que se indican con una "c". También consta una citación de un espécimen con el colector y número de colección. Las colecciones están en su mayoría depositadas en el Herbario QCA, Departamento de Ciencias Biológicas de la Pontificia Universidad Católica del Ecuador, Quito. La sistemática empleada es la de Cronquist (1981) y la de Tryon y Tryon (1982).

	Vegetación		Colector
	Primaria	Secundaria	y número

PTERIDOFITAS
Aspleniaceae
Asplenium auriculatum Sw.	Ep	Ep	Argüello 504
Asplenium cuspidatum Lam. var. *foeniculaceum* (H.B.K.) Mort. & Lell.	Ep	Ep	Lægaard 51620
Asplenium hallii Hook.	Tr	Tr	Harling 23356
Asplenium holophlebium Baker	Ep		Bravo 425
Asplenium juglandifolium Lam.	Hi4		Rodríguez 297
Asplenium melanopus Sodiro	Hi4		Argüello 498
Asplenium pteropus Kaulf.	Ep		Ayala, L. 59
Asplenium radicans L. var. *radicans*	Hi4		Rodríguez 287
Asplenium repandulum Kze.	Ep		Jaramillo 6328
Asplenium sp.	Hi4		Ulloa 97

Blechnaceae
Blechnum divergens (Kze.) Mett.	Tr		Balslev 4724
Blechnum lehmannii Hieron.	Tr		Rodríguez 294
Blechnum l'herminieri (Bory) Mett.	Hi4		Abedrabbo 8
Blechnum occidentale L.	Hi4		Abedrabbo 5
Salpichlaena volubilis (Kaulf.) J. Smith in Hook.	Li	Li	Jaramillo 7016

Cyatheaceae
Cnemidaria quitensis (Domin) R. Tryon		Hi	Moya 10
Cnemidaria sp.	AR4		Bravo 422
Cyathea sp.	Hi4		Jaramillo 7041
Nephelea sp.		AR	Ríos 179
Sphaeropteris sp.		AR	Moya 14
Trichipteris cf. *microdonta* (Desv.) R. Tryon		AR	Moya 2
Trichipteris cf. *procera* (Willd.) R. Tryon		AR	Moya 40
Trichipteris trichiata (Maxon) R. Tryon		AR	Moya 12
Trichipteris sp.	Hi4		Abedrabbo 1

Davalliaceae
Nephrolepis pectinata (Willd.) Schott		Ep	Argüello 492
Nephrolepis rivularis (Vahl) Mett.	Hi4		Ayala, L. 54

Dennstaedtiaceae
Dennstaedtia cicutaria (Sw.) Moore	AR4		Argüello 482
Dennstaedtia globulifera (Poir.) Hier.	Hi4		Abedrabbo 2
Dennstaedtia sp.	AR4		Argüello 485
Saccoloma inaequale (Kze.) Mett.		Hi	Jaramillo 6288

Dryopteridaceae
Ctenitis sloanei (Poepp. ex Spreng) C. Mort.	Hi4		Vargas 126
Diplazium fraseri (Wett.) Hier.	AR4		Vargas 127
Diplazium macrophyllum Desv.	AR4		Argüello 489
Diplazium sp. 1	AR4		Argüello 497
Diplazium sp. 2	Hi4		Harling 23344
Diplazium sp. 3	Hi4		Lægaard 51657
Elaphoglossum peltatum (Sw.) Urban	Ep		Balslev 4668
Elaphoglossum sp. 1	Hi4		Harling 23349
Elaphoglossum sp. 2	Ep		Balslev 4672

| | Vegetación | | Colector |
	Primaria	Secundaria	y número
Dryopteridaceae, cont.			
Hemidictyum marginatum (L.) Presl	Hi4		Vargas 138
Lomariopsis fendleri Eaton	Ep		Argüello 487
Lomariopsis nigro-paleata Holttum	Tr		Ríos 63
Lomariopsis sp.	Ep		Argüello 484
Polybotrya sp.	Hi4		Jaramillo 6977
Stigmatopteris sp.	Hi4		Lægaard 51610
Tectaria sp. 1.	Hi4		Rodríguez 299
Tectaria sp. 2.	Hi4		Argüello 494
Equisetaceae			
Equisetum giganteum L.		Hi	Vargas 133
Gleicheniaceae			
Dicranopteris pectinata (Willd.) Underw.		HiTr	Mena 237
Gleichenia bifida (Willd.) Spreng		HiTr	Jaramillo 6564
Gleichenia sp.		HiTr	Mena 242
Hymenophyllaceae			
Hymenophyllum (subg. Mecodium) sp.	Ep		Bravo 444
Hymenophyllum (subg. Sphaerocionium) sp.	Ep		Ayala, J. 50
Trichomanes elegans Rich.	Hi4		Ulloa 107
Trichomanes radicans Sw.	Ep		Ayala, J. 54
Trichomanes sp. 1.	Ep		Bravo 427
Trichomanes sp. 2.	Ep		Ayala, J. 52
Lophosoriaceae			
Lophosoria quadripinnata (Gmel.) C. Chr.		Hi	Moya 20
Lycopodiaceae			
Lycopodiella cernua (L.) Pichi-Ser.		Hi	Lægaard 51905
Huperzia sp.	Ep		Jaramillo 6384
Marattiaceae			
Danaea humilis Moore	Ep		Argüello 487
Danaea sp. 1.	Hi4		Rodríguez 291
Danaea sp. 2.	Hi4		Jaramillo 7402
Marattia sp.	Hi4		Jaramillo 6584
Polypodiaceae			
Campyloneuron repens (Aubl.) Presl	Ep		Rodríguez 293
Campyloneuron sphenodes Kze. ex Kl.	EpHi4		Rodríguez 235
Dicranoglossum furcatum (L.) J. Sm.	Ep		Rodríguez 113
Dicranoglossum polypodioides (Hook.) Lell.	Ep		Abedrabbo 7
Grammitis cf. *serrulata* (Sw.) Sw.	Ep		Balslev 4747
Grammitis trifurcata (L.) Copel.	Ep		Rodríguez 259
Grammitis sp. 1.	Hi4		Rodríguez 233
Grammitis sp. 2.	Ep		Rodríguez 259
Niphidium cf. *crassifolium* (L.) Lell.	Ep		Lægaard 51629
Polypodium bolivianum Ros.	Hi4		Rodríguez 276
Polypodium ciliatum Willd.	Ep		Balslev 4752
Polypodium fraxinifolium Jacq.	Hi4		Abedrabbo 11

	Vegetación		Colector
	Primaria	Secundaria	y número

Polypodiaceae, cont.
Polypodium maritimum Hieron. — Ep — — Argüello 481
Polypodium menisciifolium Langsd. & Fisch. — Ep — — Sánchez 4
Polypodium sp. 1. — Ep — — Argüello 481
Polypodium sp. 2. — Hi4 — — Rodríguez 211

Pteridaceae
Adiantum kalbreyeri C. Chr. — Hi4 — — Lasso 61
Adiantum tomentosum Kl. — Hi4 — — Jaramillo 6460
Adiantum sp. — Hi4 — — Jaramillo 6421
Pityrogramma calomelanos (L.) Link — — Hi — Moya 30
Pityrogramma sp. — Ep — — Betancourt 189
Pteris pungens Willd. — Hi4 — — Moya 50

Selaginellaceae
Selaginella sp. — Hi4 — — Jaramillo 6751

Thelypteridaceae
Thelypteris amphioxypteris (Sodiro) A. R. Sm. — Hi4 — — Vargas 150
Thelypteris angustifolia (Willd.) Proctor — Hi4 — — Vargas 97
Thelypteris dentata (Forssk.) E. St. John — Hi4 — — Jaramillo 7041
Thelypteris gigantea (Mett.) Tryon — Hi4 — — Jaramillo 7616
Thelypteris hispidula (Decne.) Reed — Hi4 — — Vargas 151
Thelypteris torresiana (Gaud.) Alston — Hi4 — — Bravo 423
Thelypteris sp. 1. — Hi4 — — Harling 23339
Thelypteris sp. 2. — Hi4 — — Rodríguez 298
Thelypteris sp. 3. — Hi4 — — Vargas 131
Thelypteris sp. 4. — Hi4 — — Vargas 94
Thelypteris sp. 5 — Hi4 — — Løgaard 51643

Vittariaceae
Hecistopteris pumila (Spreng.) J. Sm. — Ep — — Bravo 426
Vittaria latifolia Bened. — Ep — — Rodríguez 229
Vittaria lineata (L.) J. Sm. — Ep — — Jaramillo 7396

ANGIOSPERMAS
Acanthaceae
Aphelandra hylaea Leonard. — — Hi — Jaramillo 7035
Justicia pectoralis Jacq. — — Hi — Jaramillo 6499
Justicia sp. — — Hi — Jaramillo 6745
Mendoncia brenesii Standl. & Leonard. — Li — — Jaramillo 7034
Pseuderanthemum cuatrecasasii Leonard. — — ar — Jaramillo 6462
Sanchesia lutea Leonard — Ep — — Jaramillo 7712

Actinidiaceae
Saurauia sp. — — ar — Jaramillo 7054

Agavaceae
Furcraea cf. *cubensis* (Jacq.) Vent. — — Hic — Balslev 3141

Amaranthaceae
Achyranthes aspera L. — — Hi — Jaramillo 7623

	Vegetación		Colector
	Primaria	Secundaria	y número
Amaranthaceae, cont.			
Alternanthera mexicana (Schlecht.) Hieron.		Hi	Ríos 128
Cyathula achyranthoides (H.B.K.) Moq. *in* DC.		Hi	Ríos 88
Amaryllidaceae			
Eucharis astrophiala (Rav.) Rav.	Hi4		Rodríguez 93
Annonaceae			
Annona muricata L.		ARc	Ríos 124
Guateria sp.	AR2		Harling 23337
Apiaceae			
Eryngium foetidum L.		Hic	Ríos 106
Hydrocotyle leucocephala Cham. & Schlecht.		Hi	Balslev 4704
Apocynaceae			
Bonafousia longituba Markgraf	ar3		Rodríguez 66
Bonafousia sp.	ar3		Jaramillo 6313
Prestonia exserta (Aubl.) Standl.		Li	Jaramillo 6393
Tabernaemontana sp.	ar3		Padilla 21
Aquifoliaceae			
Ilex guayusa Loes.		ARc	Ríos 147
Araceae			
Anthurium andinum Engl.	Ep	Ep	Rodríguez 221
Anthurium aureum Engl.	Hi4		Rodríguez 216
Anthurium cuspidatum Mast.	Tr		Rodríguez 270
Anthurium dolichostachyum Sodiro	Tr	Tr	Rodríguez 197
Anthurium guayaquilense Engl.	Ep		Rodríguez 412
Anthurium hieronymi Engl.	EpTr		Rodríguez 310
Anthurium hylaeum Sodiro	Tr	Tr	Rodríguez 195
Anthurium incomptum M. Madison	Ep		Rodríguez 343
Anthurium laciniosum Sodiro	Tr	Tr	Rodríguez 350
Anthurium lancea Sodiro	Hi4		Rodríguez 387
Anthurium ochreatum Sodiro	EpTr		Rodríguez 179
Anthurium pallidiflorum Engl.	EpTr	EpTr	Rodríguez 182
Anthurium panduriforme Schott	Hi4	Hi4	Rodríguez 225
Anthurium scandens (Aubl.) Engl. *in* Mart.	Ep	Ep	Rodríguez 402
Anthurium subcoerulescens Engl.	Hi4	Hi4	Rodríguez 353
Anthurium trinerve Miq.	Tr	Tr	Rodríguez 424
Anthurium trisectum Sodiro	Hi4	Hi4	Rodríguez 315
Anthurium truncicolum Engl.	Tr		Rodríguez 240
Anthurium sp. 1.	EpTr		Rodríguez 223
Anthurium sp. 2.	Ep		Jaramillo 7602
Anthurium sp. nov. 1.	Tr		Rodríguez 224
Anthurium sp. nov. 2.	Tr	Tr	Rodríguez 53
Anthurium sp. nov. 3.	Ep	Ep	Rodríguez 237
Anthurium sp. nov. 4.	Ep	Ep	Rodríguez 354
Anthurium sp. nov. 5.	Ep		Rodríguez 328
Chlorospatha atropurpurea M. Madison	Hi4		Croat 61450*
Chlorospatha dodsonii (Bunting) M. Madison	Hi4		Rodríguez 252

	Vegetación		Colector
	Primaria	Secundaria	y número
Araceae, cont.			
Chlorospatha lehmannii (Engl.) Madison	Hi4		Jaramillo 5237*
Chlorospatha sp.	Hi4		Jaramillo 7020
Dieffenbachia daguensis Engl.	Hi4		Rodríguez 250*
Dieffenbachia seguine (L.) Schott	Hi4		Rodríguez 262
Homalomena sp.	Hi4		Jaramillo 7625
Monstera adansonii Schott	Tr		Rodríguez 269*
Monstera lechleriana Schott	Tr		Croat 61469*
Monstera spruceana Engl.	Tr		Croat 61530*
Monstera sp.	EpTr		Jaramillo 7058
Philodendron acuminatissimum Engl.	Tr		Croat 61486
Philodendron alveolatum Croat	Tr		Rodríguez 214
Philodendron angustilatum Engl.	Tr		Rodríguez 236*
Philodendron cuneatum Engl.	Tr		Carvajal 44*
Philodendron endesianum Croat	Hi4		Rodríguez 183
Philodendron cf. *grandipes* K. Krause *in* Engl.	Hi4		Croat 61502*
Philodendron cf. *hebetatum*	Tr		Croat 61455*
Philodendron luteopetiolatum Croat	Tr		Rodríguez 251
Philodendron cf. *mediacostatum* Croat & Gray.	Tr		Croat 61532*
Philodendron platypetiolatum M. Madison	Tr		Croat 61515*
Philodendron scandens Koch & Sello	Tr		Rodríguez 282
Philodendron aff. *senatocarpium* M. Madison	Ep		Jaramillo 6998
Philodendron squamapetiolum Croat	Tr		Rodríguez 247*
Philodendron subhastatum Engl.	Tr		Jaramillo 6559
Philodendron tenue Koch & Augustin	Tr		Croat 61515*
Philodendron verrucosum Mathieu ex Schott	Ep		Jaramillo 7453
Philodendron sp. 1.	Hi4		Ríos 73
Philodendron sp. 2.	Ep		Rodríguez 202
Philodendron sp. 3.	Tr		Jaramillo 6976
Philodendron sp. 4.	Ep		Jaramillo 8204
Philodendron sp. 5.	Tr		Ríos 172
Philodendron sp. 6.	Tr	Tr	Ríos 79
Rhodospatha wendlandii Schott	Tr		Jaramillo 6533*
Rhodospatha sp.	Tr		Croat 61489*
Stenospermation longispathum Croat	Hi4		Rodríguez 266*
Stenospermation sp. 1.	Tr	Tr	Rodríguez 231
Stenospermation sp. 2.	Tr		Jaramillo 7454
Syngonium crassifolium (Engl.) Croat	Tr		Croat 61522*
Syngonium macrophylla Engl.	Tr		Croat 61446*
Syngonium vellozianum Schott	Ep		Ríos 98
Xanthosoma daguense Engl.	Hi4		Rodríguez 209
Xanthosoma sagittifolium (L.) Schott	Hi4		Ríos 193

(* estos especímenes se encuentra en MO)

Araliaceae			
Dendropanax arboreum(L.) Decne. & Planch.	ar3		Jaramillo 7435
Schefflera quindiuensis (H.B.K.) Harms	Ep	Ep	Jaramillo 7426
Schefflera sp.	Ep	Ep	Jaramillo 7000

Arecaceae			
Aiphanes erinacea (Karst.) Wendl.	AR3		Argüello 418
Bactris cf. *gasipaes* H.B.K.	AR2	AR	**

	Vegetación		Colector
	Primaria	Secundaria	y número
Arecaceae, cont.			
Bactris setulosa Karst.	AR2	AR	Argüello 437
Catoblastus aequalis (Cook & Doyle)Burret	AR3	AR	Argüello 505
Chamaedorea poeppigiana(Mart.) A. Gentry	AR2	AR	Argüello 364
Geonoma jussieuana Mart.		AR	Argüello 438
Geonoma macrostachys Mart.	AR3		Argüello 406
Iriartea deltoidea Ruiz & Pavón	AR2	AR	Argüello 559
Jessenia bataua (Mart.) Burret	AR3	AR	Argüello 560
Pholidostachys dactyloides H. Moore		AR	Argüello 477
Prestoea sp.	AR2		Argüello 427
Wettinia quinaria (Cook & Doyle) Burret	AR2	AR	Argüello 426
Asteraceae			
Adenostema lavenia (L.) Kuntze		Hi	Jaramillo 6521
Ageratum conyzoides L.		Hi	Velastegui 90
Baccharis latifolia (Ruiz & Pavón) Pers.		ar	Ríos 84
Bidens pilosa L.		Hi	Ríos 151
Clibadium grandifolium Blake		Hi	Ríos 113
Clibadium laxum Blake		Hi	Jaramillo 6713
Clibadium microcephalum Blake		Hi	Jaramillo 7559
Clibadium sp.		Hi	Jaramillo 6700
Eupatorium sp.		Hi	Jaramillo 7023
Fleishmannia obscurifolia (Hieron.) King & H. Robin.		Hi	Ríos 137
Franseria artemisioides Willd.		Hic	Ríos 150
Mikania micrantha H.B.K.		Li	Ríos 65
Mikania sp.		Li	Jaramillo 6592
Neurolena lobata (L.) R. Brown		Hi	Ríos 55
Pseudoelephanthus spiralis (Less) Cronq.		Hi	Ríos 138
Tagetes erecta L.		Hic	Ríos 111
Vernonia patens H.B.K.		ar	Ríos 153
Begoniaceae			
Begonia glabra Aubl.	Li	Li	Balslev 4733
Begonia maurandiae A. DC.	Ep	Ep	Jaramillo 6761
Begonia parviflora Poepp. & Endl.		AR	Jaramillo 7516
Begonia semiovata Liebm.	Hi4		Harling 23334
Bignoniaceae			
Schlegelia sulphurea Diels	Ep		Rodríguez 126
Spathodea campanulata Beuav.		ARc	**
Bixaceae			
Bixa orellana L.		arc	Argüello 143
Bombacaceae			
Ceiba pentandra Gaertn.	AR1	AR	**
Matisia cf. *cordata* H. & B.	AR2		Jaramillo 7002
Matisia grandifolia (Little) Cuatr.	AR2		Jaramillo 6666
Ochroma pyramidalis (Cav.) Urban		AR	Jaramillo 6502
Pseudobombax sp.	AR3		Jaramillo s.n.
Quararibea malacocalyx Robyns & Nilsson	AR2		Jaramillo 7539

	Vegetación		Colector
	Primaria	Secundaria	y número
Boraginaceae			
Cordia alliodora (Ruiz & Pavón) Cham.		ARc	Jaramillo 7040
Cordia spinescens L.		ar	Jaramillo 6674
Cordia sp. 1.		AR	Jaramillo 6524
Cordia sp. 2.		ar	Jaramillo 7600
Tournefortia cf. *macrophylla* Schum. & Lauterb.		ar	Jaramillo 6614
Bromeliaceae			
Ananas comosus (L.) Merr.		Hic	Betancourt 153
Guzmania melinonia Morr. *in* Regel	Ep		Carvajal 2
Guzmania remyi L. B. Sm.	Ep		Jaramillo 6640
Guzmania scherzeriana Mez.	Ep		Jaramillo 6556
Guzmania sp. 1.	Ep		Jaramillo 6630
Guzmania sp. 2.	Ep		Segovia 24
Guzmania sp. 3.	Ep		Bravo 754
Pitcairnia bakeri (André) Mez.	Ep		Rodríguez 118
Pitcairnia sp.	Hi4		Balslev 4725
Ronnbergia deleoni L. B. Sm.	Ep		Bravo 441
Tillandsia sp.	Ep		Jaramillo 7433
Burseraceae			
Protium ecuadorense Benoist	AR1		Jaramillo 7048
Protium sp.	AR1		Jaramillo 7021
Caesalpiniaceae			
Bauhinia sp.	AR3		Jaramillo 7540
Brownea herthae Harms	AR2	AR	Argüello 480
Swartzia littlei R. S. Cowan	AR2	AR	Jaramillo 6579
Schizolobium parahybum (Vell.) Blake		ARc	**
Campanulaceae			
Burmeistera vulgaris Wimm.	Ep	Ep	Jaramillo 6454
Capparidaceae			
Podandrogyne brevipedunculata Cochrane		Hi	Balslev 4759
Caricaceae			
Carica microcarpa Jacq.			
ssp. *baccata* (Heilb.) Badillo	AR3		Jaramillo 6706
Carica papaya L.		ARc	Ríos 126
Cecropiaceae			
Coussapoa herthae Mildbr.		AR	Jaramillo 6567
Coussapoa orthoneura Standl.		AR	Jaramillo 7018
Coussapoa cf. *vannifolia* Cuatr.		AR	Jaramillo 7051
Cecropia sp.		AR	Jaramillo 6714
Chenopodiaceae			
Chenopodium ambrosioides L.		Hic	Ríos 129
Chrysobalanaceae			
Licania sp.	AR1		Jaramillo 6672

	Vegetación		Colector
	Primaria	Secundaria	y número

Clusiaceae
Chrysochlamys sp.		ar	Jaramillo 7592
Clusia cf. *dixonii* Little	AR1		Jaramillo 7540
Clusia venusta Little	AR3		Jaramillo 6967
Clusia sp. 1.	AR4		Jaramillo 6408b
Clusia sp. 2.	Tr		Jaramillo 6778
Clusia sp. 3.	Epar		Ayala, J. 6
Clusia sp. 4.	Epar		Jaramillo 6968
Clusia sp. 5.	Epar		Jaramillo 7566
Clusia sp. 6.	AR3		Jaramillo 6779
Symphonia globulifera L.f.		AR	Jaramillo 6752
Tovomita cf. *weddeliana* Planch. & Triana	AR3		Jaramillo 6607
Vismia baccifera H. G. Reichb.		AR	Jaramillo 6562

Commelinaceae
Aneilema cf. *umbrosum* (Vahl.) Kunth	Hi4		Jaramillo 6501
Aneilema sp.	Hi4		Jaramillo 7557
Commelina elegans H.B.K.	Hi4		Argüello 411
Dichorisandra hexandra (Aubl.) Standl.	Hi4		Jaramillo 6697
Dichorisandra ulei Macbr.	Hi4		Balslev 4720
Floscopa cf. *robusta* (Scub.) C. B. Clarke	Hi4		Lasso 29
Geogenanthus cf. *ciliatus* Brückn.	Hi4		Jaramillo 6643

Convolvulacea
Ipomoea phyllomega (Vell.) House	Li		Jaramillo 6730

Costaceae
Costus guanaiensis Rusby			
var. *tarmicus* (Loes.) Maas	Hi3	Hi	Ulloa 111
Costus laevis Ruiz & Pavón	Hi3	Hi	Ulloa 99
Costus pulverulentus Presl	Hi3	Hi	Ulloa 91

Cucurbitaceae
Cayaponia macrocalyx Harms	Li	Li	Jaramillo 6482
Elaterium cf. *carthagenense* Jacq.	Li		Jaramillo 6413
Gurania cf. *eggersii* Sprague & Hutch.	Li	Li	Jaramillo 6794
Gurania pycnocephala Harms	Li	Li	Jaramillo 6425
Gurania spinulosa (Poepp. & Endl.) Cogn.		Li	Jaramillo 7576
Gurania sp.		Li	Rodríguez 85
Psiguria sp.	Li		Jaramillo 6725
Rytidostylis ciliata (Cogn.) O. Kuntze	Li		Jaramillo 6618

Cyclanthaceae
Asplundia cayapensis Harl.	Ep		Argüello 435
Asplundia dominguensis Harl.	Ep		Argüello 428
Asplundia ecuadoriensis (Harl.) Harl.	Tr		Argüello 405
Asplundia fagerlindii Harl.	Ep		Argüello 395
Asplundia goebelii (Weiss &Wagn.) Harl.	Hi4		Argüello 517
Asplundia isabellina Harl.	Tr		Argüello 515
Asplundia pastazana Harl.	Ep		Argüello 512
Asplundia peruviana Harl.	Tr		Argüello 398
Asplundia truncata Harl.	Hi4		Argüello 543

| | Vegetación | | Colector |
	Primaria	Secundaria	y número
Cyclanthaceae, cont.			
Asplundia vagans Harl.	Tr		Argüello 552
Carludovica palmata Ruiz & Pavón	Hi4		Argüello 534
Cyclanthus bipartitus Poit.	Hi4	Hi	Argüello 416
Dianthoveus cremnophilus Hammel & Wilder	HiEp		Hammel 17234
Dicranopygium grandifolium Harl.		Hi	Argüello 551
Dicranopygium rheithrophilum (Harl.) Harl.	Hi4		Argüello 493
Dicranopygium yacu-sisa Harl.	Hi4		Argüello 528
Evodianthus funifer (Poit.) Lindm.	Ep		Argüello 396
Sphaeradenia killipii (Standl.) Harl.	Ep		Argüello 529
Cyclanthaceae indet.	Ep		Argüello 536
Cyperaceae			
Cyperus luzulae Rottl. ex Willd.		Hi	Ríos 118
Cyperus sp.		Hi	Lægaard 51911
Eleocharis sp.		Hi	Lægaard 51924
Isolepis inundata (Poir.) R.Br.		Hi	Lægaard 51925
Kyllinga sp.		Hi	Lægaard 52214
Rhynchospora sp.		Hi	Lægaard 52440
Ericaceae			
Cavendishia engleriana Hoer.	Epar	Epar	Jaramillo 6437
Cavendishia isernii Sleumer var. *isernii*	Epar	Epar	Jaramillo 7565
Cavendishia sp.	Epar	Epar	Jaramillo 6455
Macleania bullata Yeo	Epar	Epar	Jaramillo 5220
Macleania rotundifolia Sodiro & Hoer.	Epar	Epar	Jaramillo 6613a
Macleania sleumeriana A. C. Smith	Epar	Epar	Jaramillo 6613b
Psammisia coccinea Sleumer	Epar	Epar	Jaramillo 7598
Psammisia sodiroi Hoer.	Epar	Epar	Jaramillo 6783
Psammisia sp.	Epar	Epar	Jaramillo 6435
Sphyrospermum dissimile (Blake) Luteyn	Epar	Epar	Jaramillo 6596
Sphyrospermum sp.	Epar	Epar	Rodríguez 295
Euphorbiaceae			
Acalypha cf. *diversifolia* Jacq.		ar	Jaramillo 7057
Acalypha macrostachya Jacq.		ar	Jaramillo 7024
Acalypha sp.		ar	Bravo 419
Croton sp.		AR	Jaramillo 7026
Hieronyma chocoensis Cuatr.		ARc	**
Hieronyma sp.	AR1		Jaramillo 7046
Manihot esculenta Crantz		Hic	Ríos 121
Phyllanthus anisolobus Mull.-Arg. *in* DC.		ar	Ríos 146
Phyllanthus niuri L.		Hi	Jaramillo 7724
Phyllanthus sp.		Hi	Jaramillo 5241
Fabaceae			
Desmodium adscendens (Sw.) DC.		Hi	Ríos 64
Desmodium sp.		Hi	Jaramillo 6510
Mucuna sp.	Li		Jaramillo 6600
Phaseolus vulgaris L.		Hic	Ríos 136
Pterocarpus sp.	AR1		Jaramillo 5186

| | Vegetación | | Colector |
	Primaria	Secundaria	y número
Flacourtiaceae			
Banara guianensis Aubl.		ar	Espinosa 4
Carpotroche platyptera Pittier	ar3		Rodríguez 95
Casearia sp.	AR2		Espinosa 3
Neosprucea pedicellata Little	AR3		Jaramillo 5607
Gentianaceae			
Chelonanthus alatus (Aubl.) Standl.		Hi	Ríos 67
Gesneriaceae			
Alloplectus dodsonii Wiehl.	ar4	ar	Jaramillo 7528
Alloplectus sprucei (Kuntze) Wiehler	Trar	Trar	Jaramillo 7449
Alloplectus sp.	Trar	Trar	Jaramillo 6981
Besleria sp. 1	ar4		Jaramillo 7629
Besleria sp. 2	ar4		Jaramillo 6329
Codonanthe sp.	Ep		Jaramillo 6406
Columnea angustata (Wiehler) L. Skog	Trar	Trar	Jaramillo 7424
Columnea densibracteata Kvist & L. Skog	Ep	Ep	Ríos 76
Columnea dissimilis Morton	Trar	Trar	Argüello 358
Columnea eburnea (Wiehler) Kvist & L. Skog	Trar	Trar	Jaramillo 5244
Columnea herthae Mansf.	Trar	Trar	Jaramillo 6392
Columnea kienastiana Regel.	Trar	Trar	Jaramillo 6569
Columnea minor Hanst.	Trar	Trar	Balslev 4694
Columnea picta Karst.	Trar	Trar	Jaramillo 6420
Columnea rubriacuta (Wiehler) Kvist & L. Skog	Trar	Trar	Jaramillo 6377
Columnea spathulata Mansf.		ar	Jaramillo 6570
Columnea sp.	Trar	Trar	Jaramillo 8205
Diastema eggersianum Frisch.		Hi	Jaramillo 6348
Drymonia coriacea (Oerst. ex Hanst) Wiehler	Li		Jaramillo 6414
Drymonia laciniosa Wiehler	Ep	Ep	Jaramillo 6551
Drymonia turrialvae Hanst.	Hi4		Jaramillo 7628
Drymonia warczewicziana Hanst.	Ep	Ep	Jaramillo 7713
Drymonia sp.	Ep	Ep	Balslev 4754
Gasteranthus corallinus (Fritsch) Wiehler	ar4		Jaramillo 4643
Gasteranthus oncogastrus (Hanst.) Wiehler	ar4		Rodríguez 94
Gasteranthus sp.	ar4	ar	Jaramillo 5965
Monopyle ecuadorensis Morton	Tr	Tr	Jaramillo 6741
Napeanthus robustus Fritsch		Hi	Jaramillo 7011
Haemodoraceae			
Xiphidium coeruleum Aubl.	Hi4	Hi	Argüello 555
Heliconiaceae			
Heliconia harlingii L. Anderss.	Hi3	Hi	Ulloa 100
Heliconia nigripraefixa Dodson & Gentry	Hi3	Hi	Ulloa 96
Heliconia obscuroides L. Anderss.	Hi3	Hi	Ulloa 135
Heliconia regalis L. Anderss.	Hi3	Hi	Ulloa 110
Heliconia spathocircinata Aristeg.	Hi4	Hi	Ulloa 82
Heliconia stricta Huber	Hi4	Hi	Ulloa 84
Hippocrataceae			
Hippocrataceae (indet)	Li		Jaramillo 6565

	Vegetación		Colector
	Primaria	Secundaria	y número
Juglandaceae			
Juglans neotropica Diels		ARc	Ríos 82
Lamiaceae			
Hyptis obtusiflora Presl. ex Benth.		Hi	Ríos 94
Hyptis pectinata (L.) Poit.		Hi	Ríos 96
Hyptis sp.		Hi	Jaramillo 7707
Ocimum basilicum L.		Hic	Ríos 139
Salvia sp.		Hi	Jaramillo 6457
Stachys micheliana Briq. ex Micheli		Hi	Ríos 148
Lauraceae			
Nectandra pisi Miq.		AR	Jaramillo 6620
Nectandra sp.		AR	Ríos 184
Ocotea floribunda (Griseb.) Maza	AR2		Jaramillo 7056
Persea americana Mill.		Arc	Ríos 93
Lecythidaceae			
Eschweilera rimbachii Standl.	ar 3		Jaramillo 7434
Grias sp.	AR 2		**
Gustavia pubescens Ruiz en Berg	AR 2	AR	Jaramillo 7438
Loranthaceae			
Oryctanthus cf. *spicatus* (Jacq.) Eich.	Pa	Pa	Jaramillo 6452
Lythraceae			
Cuphea racemosa (L.f.) Spreng		Hi	Jaramillo 6500
Malvaceae			
Hibiscus sp.		arc	**
Pavonia sp.		Hi	Harling 23326
Sida acuta Burm.f.		ar	Ríos 117
Urena lobata L.		ar	Ríos 117
Marantaceae			
Calathea congesta Kennedy	Hi3		Ulloa 116
Calathea crotalifera Watson	Hi3	Hi	Ulloa 128
Calathea guzmanioides L. B. Smith & Idrobo		Hi	Ulloa 115
Calathea inocephala (Kuntze) Kennedy & Nicols.		Hi	Ulloa 170
Calathea lutea (Aubl.) Schultes		Hi	Ulloa 122
Calathea murantifolia Standl.	Hi3		Ulloa 93
Calathea metallica Planch. & Lind.	Hi3	Hi	Ulloa 109
Calathea micans (Mathieu) Koern.	Hi3		Ulloa 85
Calathea multicincta Kennedy	Hi3	Hi	Ulloa 123
Calathea tinalandia Kennedy	Hi3		Ulloa 133
Ischnosiphon inflatus L. Anderss.	Hi3		Ulloa 88
Marcgraviaceae			
Sarcopera cordachida (G. Don) Bedell	Li	Li	Balslev 4722
Melastomataceae			
Aciotis levyana Cogn.		ar	Betancourt 152

	Vegetación		Colector
	Primaria	Secundaria	y número
Melastomataceae, cont.			
Aciotis polystachya (Bonpl.) Triana		ar	Betancourt 200
Adelobotrys adscendens (Swartz) Triana	Li		Betancourt 146
Blakea eriocalix Wurdack	Li	Li	Betancourt 228
Blakea involvens Markgraf		Li	Betancourt 100
Blakea subconnata Berg ex Triana	Li	Li	Betancourt 103
Blakea sp. (aff. *campii* Wurdack y			
aff. *oldemanii* Wurdack)		ar	Betancourt 182
Clidemia acostae Wurdack	ar4		Betancourt 144
Clidemia discolor (Triana) Cogn.		ar	Betancourt 101
Clidemia epiphytica (Triana) Cogn.			
var. *epihpytica*	Li		Betancourt 143
Conostegia centronioides Markgraf var.			
centronioides	ar4		Betancourt 114
Conostegia montana (Sw.) D. Don ex DC.	ar4		Betancourt 139
Conostegia setosa Triana	ar4		Betancourt 82
Leandra granatensis Gleason		ar	Betancourt 99
Miconia brevitheca Gleason	ar3	ar	Betancourt 163
Miconia explicita Wurdack	ar3		Betancourt 91
Miconia gracilis Triana	ar3		Betancourt 118
Miconia loreyoides Triana	Li	Li	Betancourt 94
Miconia sp.	Li		Betancourt 188
Monolena primulaeflora Hook.	EpHi		Betancourt 126
Ossaea aff. *asplundii* Wurdack	ar3		Betancourt 174
Ossaea bracteata Triana	ar3		Betancourt 84
Ossaea laxivenula Wurdack	ar3		Betancourt 102
Ossaea macrophylla(Benth.) Cogn	ar3		Betancourt 152
Ossaea micrantha (Sw.) Macfad. ex Cogn	ar3		Betancourt 93
Ossaea robusta (Triana)Cogn.	ar3		Balslev 4665
Pilocosta cf. *nana* (Standl.) Almeda & Whiffin		Hi	Betancourt 119
Tibouchina longifolia (Vahl) Baill.		ar	Betancourt 158
Topobea aff.*caudata* Wurdack	Li		Betancourt 113
Triolena barbeyana Cogn. *in* DC.	ar4		Betancourt 85
Triolena pedemontana Wurdack	ar4		Betancourt 86
Meliaceae			
Carapa guianensis Aubl.	AR1	AR	Bravo 855
Guarea glabra Vahl.	AR2		Bravo 433
Guarea kunthiana A. Juss.	AR2		Jaramillo 8212
Melia azedarach		ARc	**
Menispermaceae			
Cissampelos andromorpha DC.		Li	Jaramillo 6503
Mimosaceae			
Inga sp.	AR3	AR	Jaramillo 6581
Mimosaceae indet.	AR3		Bravo 430
Monimiaceae			
Siparuna sp.	ar3		Jaramillo 6305

| | Vegetación | | Colector |
	Primaria	Secundaria	y número
Moraceae			
Artocarpus altilis (Parkins.) Fosb.		ARc	Ríos 192
Brosimum utile (H.B.K.) Pittier	AR1	ARc	Ríos 59
Ficus cf. *garcia-barrigae* Dugand	AR1		Jaramillo 7416
Ficus cf. *macbridei* Standl.	AR3		Jaramillo 7614
Ficus cf. *trianae* Dugand	AR3		Jaramillo 6212
Ficus sp. 1.	AR1		Jaramillo 7018
Ficus sp. 2.	AR3		Jaramillo 7411
Ficus sp. 3.	AR2		Jaramillo 7394
Ficus sp. 4.	AR3		Jaramillo 6597
Ficus sp. 5.	AR3		Harling 23316
Ficus sp. 6.	Ep		Jaramillo 6638
Musaceae			
Musa X *paradisiaca* L.		Hic	Ulloa 124
Myristicaceae			
Dialyanthera gordoniifolia (A. DC.) Warb.	AR1		Jaramillo 7552
Virola dixonii Little	AR1	ARc	Jaramillo 7599
Virola sebifera Aubl.	AR2		Jaramillo 7715
Virola sp.	AR3		Harling 23299
Myrtaceae			
Eucalyptus sp.		ARc	Ríos 107
Psidium guajava L.		ARc	Ríos 114
Syzygium jambos (L.) Alston		ARc	Ríos 142
Nyctaginaceae			
Neea sp.	ar3		Jaramillo 6629
Ochnaceae			
Sauvagesia erecta Aubl.		Hi	Jaramillo 6508
Olacaceae			
Heisteria acuminata (H. & B.) Engl.	AR2		Jaramillo 6403
Heisteria sp.	AR2		Jaramillo 7538
Onagraceae			
Ludwigia cf. *erecta* (L.) Hara		Hi	Jaramillo 7446
Ludwigia octovalvis (Jacq.) Raven		Hi	Ríos 130
Ludwigia sp.		Hi	Jaramillo 7608
Orchidaceae			
Elleanthus graminifolius (Barb. Rodr.) Løjtnant	Ep		Sigcha 4
Epidendrum aff. *gentryi* Dodson	Ep		Jaramillo 6686
Gongora sp.	Ep		Sigcha 13
Maxillaria sp.	Ep		Sigcha 12
Myoxanthus sp.	Ep		Sigcha 6
Neolehmannia williamsii (Dodson) Dodson	Ep		Jaramillo 6617
Oncidium toachicum Dodson	Ep		Jaramillo 6456
Pleurothallis aff. *cordata* Lindl.	Ep		Jaramillo 6371
Pleurothallis sp. 1.	Ep		Jaramillo 7587

	Vegetación Primaria	Secundaria	Colector y número
Orchidaceae, cont.			
Pleurothallis sp. 2.	Ep		Sigcha 16
Scaphyglottis sp.	Ep		Sigcha 8
Stelis sp. 1.	Ep		Sigcha 1
Stelis sp. 2.	Ep		Sigcha 2
Trigonidium insigne			
Reichb.f. ex Benth. & Hook.f.	Ep		Sigcha 5
Oxalidaceae			
Oxalis barrelieri L.		Hi	Jaramillo 7586
Passifloraceae			
Passiflora edulis Sims		Lic	Jaramillo 6579
Passiflora macrophylla Mast.	AR4		Jaramillo 7415
Passiflora (Subg. Astrophea) sp.	Li		Jørgensen 61637
Phytolaccaceae			
Phytolacca rivinoides Kunth & Bouché		Hi	Balslev 4676
Piperaceae			
Peperomia cf. *alata* Ruiz & Pavón	Ep		Jaramillo 6389
Peperomia emarginella (Sw.) C. DC.	Ep		Jaramillo 6574
Peperomia cf. *obtusifolia* (L.) A. Dietr.	Ep		Jaramillo 6359
Peperomia omnicola C. DC.	Ep		Jaramillo 6424
Peperomia cf. *pernambucensis* Miq. *in* Hook.	EpHi		Rodríguez 74
Peperomia urocarpa Fisch. & Mey.	Hi4		Rodríguez 76
Peperomia sp.	Hi4		Jaramillo 6487
Piper aduncum L.	ar3		Ríos 104
Piper aequale Vahl	ar3		Jaramillo 6738
Piper angustum Spreng.	ar3		Jaramillo 6572
Piper cf. *appendiculatum* C. DC.	ar3		Jaramillo 6988
Piper aff. *brachypodon* (Benth.) C. DC.	ar3		Jaramillo 5195
Piper dichroostachyum Trel. & Yun.	ar3		Jaramillo 7531
Piper eriopodon (Miq.) C. DC.	ar3		Vinueza 8
Piper filistilum C. DC.	ar3		Jaramillo 6341
Piper florencianum Trel. & Yun.	ar3		Jaramillo 7568
Piper fuliginosum Sodiro	ar3		Jaramillo 7519
Piper heterotrichium C. DC.	ar3		Jaramillo 5191
Piper hispidum H.B.K.	ar3		Ríos 71
Piper obliquum Ruiz & Pavón	Liar		Jaramillo 6451
Piper obtusilimbum C. DC.	ar3		Jaramillo 6742
Piper pennellii Trel. & Yun.	ar3		Jaramillo 7005
Piper spoliatum Trel. & Yun.	ar3		Jaramillo 7452
Piper trianae C. DC.	ar3		Jaramillo 6619
Piper veneralense Trel. & Yun.	Ep		Jaramillo 6400
Piper sp.	ar3		Rodríguez 120
Potomorphe peltata (L.) Miq.		Hi	Jaramillo 6450
Plantaginaceae			
Plantago major L.		Hic	Ríos 115

| | Vegetación | | Colector |
	Primaria	Secundaria	y número
Poaceae			
Andropogon bicornis L.		Hi	Balslev 4706
Axonopus scoparius (Flügger) Hitch.		Hi	Lægaard 51908
Chloris radiata (L.) Sw.		Hi	Lægaard 51910
Cymbopogon citratus (DC.) Stapf		Hic	Ríos 112
Digitaria sp. 1.		Hi	Lægaard 51901
Digitaria sp. 2.		Hi	Lægaard 51192
Guadua angustifolia Kunth	Hi2		Ríos 120
Homolepis aturensis (H.B.K.) Chase		Hi	Lægaard 51906
Ichnanthus axillaris (Nees) Hitch. & Chase	Hi4		Jaramillo 6552
Ichnanthus pallens (Sw.) Munroe ex Benth.		Hi	Lægaard 52454
Ichnanthus sp. 1.		Hi	Lægaard 54216
Ichnanthus sp. 2.		Hi	Lægaard 54216
Lasiacis sp. 1.		Hi	Jaramillo 7530
Lasiacis sp. 2.		Hi	Lægaard 52471
Lithachne pauciflora (Sw.) Beauv.		Hi	Lægaard 51931
Olyra latifolia L.		Hi	Lægaard 52430
Orthoclada laxa (L. Rich.) Beauv.	Hi4		Jaramillo 6796
Panicum maximum Jacq.		Hi	Lægaard 51909
Panicum pilosum Sw.		Hi	Balslev 4703
Panicum trichoides Sw.		Hi	**
Panicum sp. 1.		Hi	Lægaard 54203
Panicum sp. 2.		Hi	Lægaard 52427
Panicum sp. 3.		Hi	Lægaard 54197
Panicum sp. 4.		Hi	Lægaard 52453
Panicum sp. 5.		Hi	Lægaard 52451
Paspalum conjugatum Berg		Hi	Ríos 155
Paspalum decumbens Rottb.		Hi	Jaramillo 7719
Paspalum paniculatum L.		Hi	Lægaard 54187
Paspalum saccharoides Nees		Hi	Lægaard 51917
Paspalum virgatum L.		Hi	Lægaard 54185
Paspalum sp. 1.		Hi	Lægaard 51826
Paspalum sp. 2.		Hi	Lægaard 51903
Paspalum sp. 3.		Hi	Jaramillo 7721
Pennisetum purpureum Schum.		Hi	Lægaard 54204
Pharus ecuadoricus Judziewicz	Hi4		Jaramillo 6460
Pharus sp.	Hi4		Jaramillo 8201
Pseudochinolaena polystachya (H.B.K.) Stapf		Hi	Lægaard 51930
Setaria sp.		Hi	Jaramillo 7028
Sporobolus tenuissimus Kuntze		Hi	Lægaard 54214
Rubiaceae			
Borreria sp.		Hi	Betancourt 157
Coffea arabica L.		arc	Ríos 122
Coutarea hexandra (Jacq.) Schum.	AR2	AR	Jaramillo 6577
Coutarea sp.	ar3		Jaramillo 7529
Duroia hirsuta (Poepp. & Endl.) Schum.	ar3		Jaramillo 6395
Faramea sp.	ar3		Rodríguez 50
Gonzalagunia dependens Ruiz & Pavón		ar	Carvajal 5
Guettarda sp.	AR2		Jaramillo 6781
Hamelia axillaria Sw.		ar	Rodríguez 64
Hoffmannia sp.		ar	Jaramillo 6472

| | Vegetación | | Colector |
	Primaria	Secundaria	y número
Rubiaceae, cont.			
Morinda sp.	ar3		Rodríguez 62
Palicourea sp.	ar3		Balslev 4692
Psychotria acuminata Benth.	ar3		Carvajal 3
Psychotria caerulea Ruiz & Pavón	ar3		Garate 8
Psychotria macrophylla Ruiz & Pavón	ar3		Rodríguez 60
Psychotria pseudoaxillaris (Wernh.) Steyerm.	ar3		Jaramillo 7564
Psychotria sp.	ar3		Jaramillo 6379
Sabicea villosa Roem. & Schult.			
var. *adpresa* Wernh.	ar3		Jaramillo 7542
Sickingia cf. *standleyi* Little	AR2		Jaramillo 6721
Rutaceae			
Citrus aurantium L.		ARc	Ríos 134
Citrus limon Burm.		ARc	Ríos 133
Zanthoxylum sp.		AR	Jaramillo 7580
Sapotaceae			
Pouteria capacifolia Pilz	AR1	AR	Jaramillo 7007
Scrophulariaceae			
Scoparia dulcis L.		Hi	Jaramillo 6747
Solanaceae			
Brugmansia arborea (L.) Lagerheim		ARc	Ríos 86
Brunfelsia grandiflora D. Don ssp. *grandiflora*		arc	Ríos 87
Capsicum annuum L.		Hic	Ríos 131
Cestrum megalophyllum Dun.	ar3		Ríos 61
Cestrum racemosum Ruiz & Pavón		ar	Jaramillo 6506
Cyphomandra hartwegi Sendt. ex Walp.		ar	Jaramillo 6518
Lycianthes sp.	ar3		Jaramillo 6504
Lycopersicon esculentum Mill.		Hic	Ríos 187
Solanum aturense Dunal		ar	Balslev 4721
Solanum candidum Lindl.	ar3		Jaramillo 6515
Solanum coconilla Huber		Hi	Ríos 56
Solanum evolvulifolium Greenm.	Ep		Jaramillo 6767
Solanum aff. *lanceifolium* Jacq.		ar	Jaramillo 6360
Solanum leptorhachis Bitter		ar	Jaramillo 7412
Solanum ochraceo-ferrugineum (Dun.) Fern.		ar	Ríos 105
Solanum schlechtendalianum Walp.		ar	Jaramillo 6764
Solanum sp.		ar	Jaramillo 8209
Trianae sp.		Ep	Jaramillo 6623
Wintheringia solanacea L. Her.	ar3	ar	Jaramillo 6566
Wintheringia sp.	ar3	ar	Jaramillo 7544
Sterculiaceae			
Theobroma cacao L.		ARc	Ríos 140
Theobroma sp.	AR3		Ríos 54
Theophrastaceae			
Clavija membranacea Mez.	ar3		Jaramillo 7017

	Vegetación Primaria	Secundaria	Colector y número
Thymelaeaceae			
Daphnopsis sp.	ar3		Jaramillo 6445
Tiliaceae			
Heliocarpus sp.		ar	Jaramillo 7032
Trichospermum mexicanum Baill.		ar	Jaramillo 7439
Ulmaceae			
Trema micrantha (L.) Blume		ar	Jaramillo 6795
Urticaceae			
Pilea sp.	Hi4	Hi	Jaramillo 7459
Urera baccifera (L.) Gaud.	ar3	ar	Ríos 75
Verbenaceae			
Gmelina arborea Roxb.		Arc	Jaramillo 6615
Stachytarpheta cajanensis (L. Rich.) Vahl.		Hi	Ríos 95
Verbena litoralis H.B.K.		Hi	Ríos 97
Violaceae			
Rinorea apiculata Hekking	ar3		Jaramillo 7417
Rinorea sp.	AR2		Jaramillo 7414
Vitaceae			
Cissus sicyoides L.		Li	Jaramillo 6517
Cissus sp.		Li	Jaramillo 6580
Zingiberaceae			
Hedychium coronarium Koenig		Hic	Ulloa 113
Renealmia thyrsoidea			
(Ruiz & Pavón) Poepp. & Endl. ssp. *thyrsoidea*	Hi3		Ulloa 92
Renealmia variegata Maas & Maas	Hi3		Ulloa 87
Zingiber officinale Rosc.		Hic	Ríos 58

** especies citadas en base de observaciones en el campo u otro tipo de información.

Discusión

Hasta el presente se conocen 637 especies que pertenecen a 104 familias en la "Reserva ENDE-SA"; de estas familias, 87 son angiospermas, Jauneche presenta 113 familias de angiospermas y Río Palenque 122.

La diversidad encontrada se compara en la Tabla 1 con las de Río Palenque, Jauneche y Capeira (Dodson *et al.*, 1986). Todas las áreas son de tamaños similares y se encuentran a lo largo de un gradiente de precipitación y duración de la epoca húmeda, menor en el sur y mayor en el norte (Fig. 1 y 2).

Es notable que la diversidad encontrada en la "Reserva ENDESA" sea menor que la de las otras áreas. La menor diversidad es sorprendente y contraria a lo que generalmente se ha encontrado

(Gentry, 1988). Antes de aceptar que la diversidad realmente es menor a la encontrada en las otras áreas, se debe mencionar cuales fueron los objetivos de los estudios y cuales las posibilidades de lograr un inventario completo como los de Río Palenque y Jauneche. Los objetivos fueron hacer un inventario de los distintos grupos y en general de la "Reserva ENDESA", entendida como el área de bosque natural o primario. Los subtotales de las áreas naturales presentan cifras más comparables entre las cuatro áreas (Tabla 1): se observa que la "Reserva ENDESA" está en segundo lugar, aunque la diferencia con Río Palenque todavía es muy grande. En el trabajo de campo no se disponía de podadoras aéreas ni equipo especializado para recolectar los árboles muy altos, con sus lianas y epífitas. Es decir que, estas formas de vida están representadas solamente por especies recolectadas por casualidad y/o con ramas accesibles en el nivel bajo, por lo que los números en estos rubros representan un mínimo de lo que se puede encontrar. Además, se puede mencionar que no se han hecho estudios ecológicos, con un inventario de toda la diversidad en una área pequeña.

Si se compara la diversidad de los grupos estudiados con más detalle en la "Reserva ENDESA" con la de Río Palenque y la de Jauneche se encuentra una mayor diversidad en la primera en varios casos (Tabla 2). En el género *Anthurium*, por ejemplo, se encuentra una diferencia notable entre la "Reserva ENDESA" con 25 especies, Río Palenque con 14 especies y Jauneche con 1 especie (Rodríguez, 1988), otros ejemplos son los grupos de Helechos, Clusiaceae, Cyclanthaceae, Ericaceae, Marantaceae, Melastomataceae y Araceae (Tabla 2).

Las orquídeas muestran números muy variables, con solamente 14 especies encontradas en la "Reserva ENDESA", 126 en Río Palenque y 38 en Jauneche. Estas diferencias obviamente no

Tabla 1. Diversidad, como número de especies en distintas formas de vida, encontrada en "ENDESA", Río Palenque, Jauneche y Capeira.

	ENDESA	Río Palenque*	Jauneche*	Capeira*
Epífitas	115	231	63	15
Bejucos y lianas	23	112	92	69
Parásitas	1	7	6	3
Hierbas	109	95	31	25
Arbustos	67	73	33	37
Arboles pequeños	28	82	48	51
Arboles medianos	26	65	40	48
Arboles grandes	14	69	37	23
Hábitos especiales	53	44	27	30
Subtotal de áreas naturales	437	778	382	301
Plantas de áreas disturbadas	163	282	219	304
Plantas cultivadas	38	154	136	141
Total de especies	637	1216	728	772

(* *Tomadas de Dodson et al. 1986*)

Tabla 2. Número de especies en familias o grupos seleccionadas de las áreas "Reserva ENDE-SA", Río Palenque y Jauneche.

	ENDESA	RíoPalenque*	Jauneche**
Helechos	101	79	23
Amaranthaceae	3	9	10
Apocynaceae	4	12	14
Araceae	68	53	19
Anthurium	25	14	1
Arecaceae	12	16	8
Asteraceae	17	40	36
Bignoniaceae	2	12	17
Cactaceae	0	4	5
Clusiaceae	12	8	0
Convolvulaceae	1	5	8
Costaceae	3	6	5
Cucurbitaceae	8	17	16
Cyclanthaceae	19	12	1
Ericaceae	11	5	0
Euphorbiaceae	10	26	29
Flacourtiaceae	4	5	5
Heliconiaceae	6	10	4
Lamiaceae	6	12	12
Leguminosae	11	51	63
Marantaceae	11	10	6
Melastomataceae	31	20	2
Orchidaceae	14	126	38
Poaceae	39	30	38
Verbenaceae	3	7	10
Zingiberaceae	4	7	7

(* Compilado de Dodson & Gentry, 1978, Hammel & Wilder, 1989 y ** de Dodson et al., 1986)

reflejan la realidad y se espera que se pueda encontrar un mínimo de 100 especies más de orquídeas en la "Reserva ENDESA".

Las familias Heliconiaceae, Costaceae y Zingiberaceae, que también han sido estudiadas en detalle, son menos diversas en la "Reserva ENDESA" que en Río Palenque. Para la familia Zingiberaceae se trata simplemente de un mayor número de especies introducidas en Río Palenque, mientras que las otras familias muestran un verdadero máximo en su diversidad al nivel medio de pluviosidad y meses húmedos.

Si vemos el fenómeno contrario, las familias que presentan una diversidad mayor en el sur del gradiente, como Bignoniaceae, Amaranthaceae, Cactaceae, Capparidaceae, Convolvulaceae, Euphorbiaceae, Verbenaceae, Apocynaceae y Leguminosae (Tabla 2), son conocidas por su adaptabilidad y diversidad en zonas secas.

Setenta y dos familias presentan una diversidad más o menos constante (aunque con diferente composición) a lo largo del gradiente o presentan una diversidad tan baja que es muy difícil concluir sobre su tendencia. Buenos ejemplos de estas familias son Poaceae, Asteraceae, Lamiaceae, Cucurbitaceae y Flacourtiaceae.

Todavía falta mucho trabajo de campo para obtener el material necesario para hacer una flórula completa de la "Reserva ENDESA". Se espera que este artículo y los siguientes trabajos den un impulso positivo para que los botánicos visiten y recolecten en dicha área y aporten nuevos conocimientos sobre la flora de la Costa ecuatoriana.

Literatura citada

Cronquist, A. 1981. An integrated system of classification of flowering plants. — Columbia Univ. Press. New York.

Cañadas C., L., 1983. El mapa bioclimático y ecológico del Ecuador. — Banco Central del Ecuador, Quito.

Dodson, C. H. y A. H. Gentry, 1978. Flora of the Río Palenque Science Center, Los Rios Province, Ecuador. — Selbyana 4: 1–628.

Dodson, C. H., A. H. Gentry y F. M. Valverde, 1986. Flora of Jauneche, Los Rios, Ecuador. — Selbyana 8: 1–512.

Gentry, A. H., 1988. Changes in Plant Community Diversity and Floristic Composition on Environmental and Geographical Gradients — Ann. Missouri Bot. Gard. 75: 1–34.

Hammel, B. E. & G. J. Wilder, 1989. *Dianthoveus*: A New Genus of Cyclanthaceae. — Ann. Missouri Bot. Gard. 76: 112–123.

INECEL, 1977–1980. Boletines meteorológicos del Ecuador (estaciones de Pedro Vicente Maldonado y Los Bancos).

Rodríguez, J., 1988. Distribución del género *Anthurium* (Araceae) en la costa ecuatoriana. — Publ. Mus. Cienc. Nat. Ecuador 6: 51–60.

Tryon, R. M. y A. F. Tryon, 1982. Ferns and allied plants, with special reference to tropical America. — Springer Verlag. New York.

2. *Anthurium* (Araceae)

Por Jimena Rodríguez de Salvador

La familia Araceae consta de 110 géneros y aproximadamente 2.560 especies. Tiene una distribución cosmopolita pero la mayoría de sus miembros se encuentra en las zonas tropicales, en especial en el Neotrópico, donde se hallan alrededor de 1.400 especies.

El género *Anthurium* es el más numeroso de la familia Araceae. Consta de 600–800 especies y se distribuye desde México hasta la Argentina y el Paraguay (Croat, 1984). Los estudios realizados, tanto en el campo como en el herbario, ofrecen evidencias de que la región norte de los Andes, (que incluye Colombia, Ecuador y Perú) probablemente contenga la flora más rica del mundo y sea el centro de diversidad de la familia Araceae (Madison, 1978). En el Ecuador *Anthurium* ha sido tratado por el sacerdote Jesuita L. Sodiro, quien en sus trabajos presenta 241 especies de anturios ecuatorianos (Sodiro, 1901, 1903, 1905 y 1906). En la actualidad varias son las especies que se han añadido y no se conoce exactamente el número. Sin embargo, los trabajos de Sodiro siguen siendo la base para los estudios de este género en el Ecuador.

Dentro del área de estudio, *Anthurium* es el género mejor representado de las aráceas, con 22 especies. En este artículo se presentan 17 especies; las 5 restantes son especies nuevas, sobre las cuales se está preparando una publicación (Croat y Rodríguez, en prensa).

ANTHURIUM Schott

Wein. Zeitschr. Kunst. 3: 828 (1829).

Plantas usualmente epífitas, trepadoras o terrestres. Tallo subescandente. Hojas; pecíolo vaginado cortamente en la base, terete o canaliculado, siempre geniculado en el ápice y engrosado en el nudo; lámina simple, entera o lobulada, comúnmente gruesa y coriácea, a veces con puntos glandulares oscuros en las superficies. Inflorescencia en espádice; pedúnculo usualmente elongado; espata persistente, comúnmente linear-lanceolada y verde, no envolviendo al espádice durante la antesis, usualmente decurrente en la base; espádice cilíndrico o peniciliforme con muchas flores pequeñas, verde o coloreado, más o menos elongado y volviéndose grueso en la fructificación, sésil o estipitado. Flores perfectas, perigoniadas; 4 tépalos; 4 estambres, filamentos subcomprimidos apenas ensanchándose hacia el conectivo, igualando a los tépalos; anteras cortas, tecas ovadas u oblongo-ovadas, extrorsas, abriéndose longitudinalmente; pistilo ovoide,

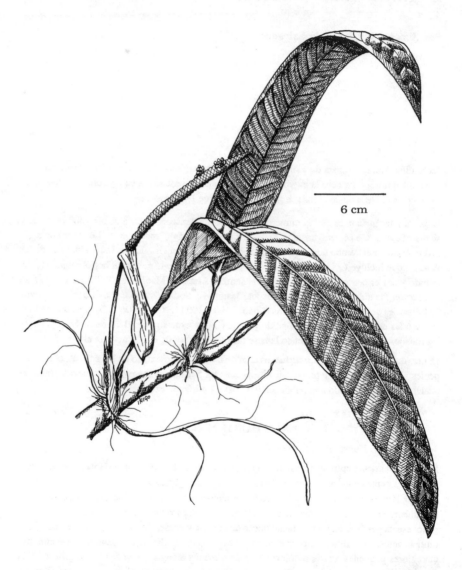

Figura 1. Hábito de *Anthurium andinum*.

oblongo o globoso, bilocular, sin estilo; estigma pequeño discoidal o sub-bilabiado; óvulos 2 ó 4 en cada lóculo. Infrutescencia un agregado de bayas, variables en forma y color, suculentas; semillas oblongas a discoidales, envueltas en una pulpa mucilaginosa.

CLAVE PARA LAS ESPECIES

1. Lámina dividida en tres lóbulos o segmentos.

   2. Lóbulos de la lámina completamente libres en la base (trifoliada); pedúnculo más corto que el pecíolo; lámina herbácea.   **15. A. trisectum**

   2. Segmentos de la lámina unidos en la base (trisectada); pedúnculo igual o ligeramente más largo que el pecíolo; lámina coriácea.   **16. A. truncicolum**

1. Lámina entera.

   3. Lámina con la base profundamente cordada.

      4. Lámina con los lóbulos basales prominentes más o menos auriculares y con sus márgenes internas cóncavas.

         5. Espádice verde azulado, estipitado. Lámina verde oscura, venas laterales primarias con espacios reducidos entre sí.   **13. A. subcoerulescens**

         5. Espádice amarillo anaranjado, oóoil. Lámina verde brillante, venas laterales primarias con grandes espacios entre sí.   **12. A. panduriforme**

      4. Lámina sin lóbulos basales prominentes y con márgenes internas convexas.

         6. Espádice verde en antesis. Nervios basales de la lámina unidos entre sí formando una costilla.

            7. Espádice de 35–45 cm, igual o ligeramente más corto que el pedúnculo. Lámina de hasta 85 cm.   **3. A. dolichostachyum**

            7. Espádice no más de 10 cm, 2 ó 3 veces más corto que el pedúnculo. Lámina de hasta 45 cm.   **9. A. lancea**

         6. Espádice coloreado en antesis, no verde. Nervios basales de la lámina libres.

            8. Espádice amarillo. Fruto verde.   **6. A. hylaeum**

            8. Espádice morado. Fruto rojo carmín apicalmente y más claro en la base.   **17. A. sp.**

   3. Lámina no cordada, mayormente elíptica u ovada.

      9. Lóculos del ovario con 2 óvulos.

         10. Puntos glandulares presentes en el haz y en el envés de la lámina.   **8. A. laciniosum**

         10. Puntos glandulares presentes sólo en el envés de la lámina.   **14. A. trinerve**

      9. Lóculos del ovario con 1 óvulo.

         11. Espádice anaranjado en la antesis. Lámina papirácea a cartácea, triangular ovada. Terrestre.

            12. Base de la lámina anchamente obtusa a truncada. Catafilos lineares prontamente deciduos, 5–10 cm, cobrizos al secarse.   **5. A. hieronymi**

            12. Base de la lámina subcordada. Catafilos linear–lanceolados, 10–20 cm, verdes al secarse.   **10. A. ochreatum**

         11. Espádice no anaranjado en la antesis. Lámina coriácea hasta carnosa, oblongo–elíptica a ovada. Epífitas (excepto **A. aureum**, que es terrestre).

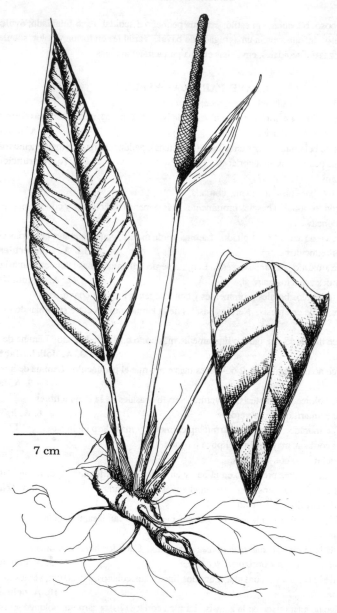

Figura 2. Hábito de *Anthurium aureum*.

13. Espádice morado a rojo. Entrenudos de hasta 10 cm.　　　**7. A. incomptum**
13. Espádice verde a blanquecino. Entenudos menos de 3 cm.
  14. Plantas terrestres, no trepadoras. Lámina con ápice y base agudos, superficie
    adaxial verde oscura, superficie abaxial verde muy clara.　　　**2. A. aureum**
  14. Plantas epífitas, en roseta. Lámina con ápice agudo y base no aguda, sin
    diferencia de coloración verde en el haz y el envés.
    15. Estríctamente rosulada. Lámina espatulada; pedúnculo reducido.
                                  4. A. guayaquilense
    15. Epífita con tallo trepador. Lámina oblongo-elíptica; pedúnculo elongado.
      16. Lámina de hasta 45 cm, ascendente o arqueada y coriácea. Pedúnculo más
      corto que el pecíolo. Espata verde con márgenes moradas; espádice verde.
                                    1. A. andinum
      16. Lámina hasta 90 cm, pendiente y carnosa. Pedúnculo más largo que el
      pecíolo. Espata verde clara; espádice rosado claro.　　　**11. A. pallidiflorum**

1. Anthurium andinum Engl., Bot. Jahrb. Syst. 25: 405 (1898).– Fig. 1.

Epífita; tallo 20 cm; entrenudos 1 cm; catafilos 4–6 cm, descomponiéndose en fibras; pecíolo 10–35 x 0.3 cm, subterete. Lámina 25–45 x 4–10 cm, oblongo-elíptica, ápice acuminado, base redondeada, coriácea; 20–23 venas laterales primarias; haz verde, brilloso y envés verde con puntos glandulares, semibrilloso. Pedúnculo 5–20 x 0.2 cm, subterete, 1/2 de la longitud del pecíolo; espata 2–10 x 0.5 cm; espádice cilíndrico, verde. Flores 2 x 2 mm; pistilo 1.2 mm, anchamente botuliforme. Baya 0.5 cm, ovoide, morada; semilla 3 mm, 1 por lóculo.

Especie frecuente tanto en el bosque primario como en el secundario.

2. Anthurium aureum Engl., Bot. Jahrb. Syst. 25: 414 (1898).– Fig. 2.

Terrestre; tallo 25 cm; entrenudos 1.5–2 cm; catafilos 5–7 cm, descomponiéndose en fibras; pecíolo 20–40 x 0.4 cm, subterete. Lámina 38–46 x 5.4–10.4 cm, oblonga a angostamente elíptica, ápice agudo, base aguda; semicoriácea; 16–24 venas laterales primarias; haz verde oscuro, mate y envés verde muy claro, brilloso. Pedúnculo 24–35 x 0.3 cm, subterete, igual o más corto que la longitud del pecíolo; espata 6–12 x 1–2.5 cm, lanceolada, verde, semicartácea; espádice 8–12 x 0.5 cm, cilíndrico, blanco. Flores 3.5 x 4 mm; pistilo 1.3–2.5 mm, botuliforme. Baya 2.7 mm, ovada, constriñéndose en el ápice, morada; semilla 1.9 mm, 1 por lóculo.

Esta especie se ha encontrado siempre como terrestre y es común dentro del bosque primario.

3. Anthurium dolichostachyum Sodiro, Anales Univ. Centr. Ecuador 16: 198 (1902).– Fig. 3.

Trepadora; tallo hasta 120 cm; entrenudos 6–7 cm; catafilos prontamente descomponiéndose en

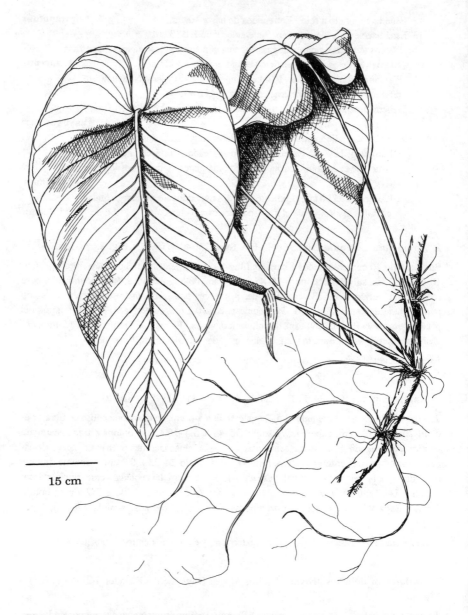

Figura 3. Hábito de *Anthurium dolichostachyum*.

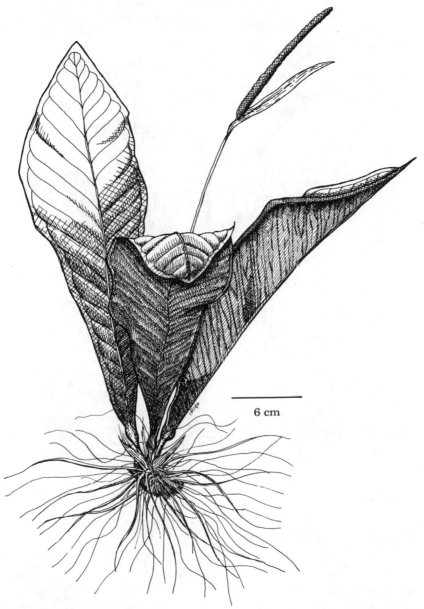

Figura 4. Hábito de *Anthurium guayaquilense*.

Figura 5. Hábito de *Anthurium hieronymi.*

fibras; pecíolo 65–100 x 1 cm, subterete. Lámina 60–85 x 40–60 cm, anchamente ovada, ápice acuminado, base hondamente cordada, coriácea; 22–28 venas laterales primarias; haz verde, brilloso y envés verde más claro, mate. Pedúnculo 30–55 x 0.4 cm, terete, 1/2 de la longitud del pecíolo; espata 25–35 x 2–3 cm, lanceolada, verde, coriácea a semicoriácea; espádice 34–45 x 0.7 cm, levemente peniciliforme a cilíndrico, verde. Flores 2.3 x 2 mm; pistilo 3.5 mm, subgloboso a ovoide. Baya 5 mm, subclaviforme, rojo carmín en el ápice y blanca en la base; semillas 3 mm, 1 por lóculo.

Especie frecuente dentro de la reserva y en sus alrededores.

4. Anthurium guayaquilense Engl., Bot. Jahrb. Syst. 25: 373 (1898).– **Fig. 4.**

Epífita en roseta; tallo máximo 5 cm; entrenudos 1 cm; catafilos rápidamente deciduos; pecíolo 3–7 x 0.5 cm, subterete. Lámina 20–40 x 6–10 cm, espatuliforme, ápice mucronado a cuspidado, base atenuada; semicoriácea; 14–20 venas laterales primarias; haz verde con puntos glandulares, semibrilloso y envés verde más claro con puntos glandulares, semibrilloso. Pedúnculo 18–26 x 0.3 cm, terete, ca. 6 veces de la longitud del pecíolo; espata 5–7 x 0.4–0.7 cm, linear–lanceolada, verde con filos morados, semicartácea; espádice 5 17 x 0.5 cm, cilíndrico, verde claro. Flores (1.3–)2.3 x 1.7(–3) mm; pistilo 1–1.5 mm, globoso. Infructescencia no encontrada.

Esta especie posee un hábito extríctamente en roseta. Se le ha encontrado dentro del bosque primario, siempre asociado con pequeñas hormigas arbóreas que hacen sus nidos en las raíces abultadas.

5. Anthurium hieronymi Engl., Bot. Jahrb. Syst. 25: 386 (1898).– **Fig. 5.**

Terrestre, raramente epífita; tallo 40 cm; entrenudos 1.5–2.5 cm; catafilos 5–10 cm, deciduos; pecíolo 10–30 x 0.2 cm, subterete. Lámina 24–50 x 8–15 cm, triangular-ovada, ápice agudo a aristado, base anchamente obtusa a truncada; membranácea a papirácea; 8–14 venas laterales primarias; haz verde oscuro, semibrilloso y envés verde más claro, semibrilloso. Pedúnculo 16–28 x 0.3 cm, subterete, menor o igual a la longitud del pecíolo; espata 8–15 x 1–2 cm, lanceolada, verde, herbácea; espádice 5–10 x 0.4–0.8 cm, cilíndrico a ligeramente peniciliforme, anaranjado. Flores 5 x 4.5 mm; pistilo 2 mm, globoso. Baya 14 mm, clavada, crema variegada de morado; semilla 5.6 mm, 1 por lóculo.

Especie común dentro del bosque primario.

6. Anthurium hylaeum Sodiro, Anales Univ. Centr. Ecuador 19: 95 (1902).– **Fig. 6.**

Trepadora, raramente terrestre; tallo 40 cm; entrenudos 3–8 cm; catafilos 9–16 cm, descomponiéndose en fibras; pecíolo 27–68 x 0.3–0.5 cm, subterete. Lámina 24–35 x 20–40 cm, acorazonado-hastada, ápice agudo, base hondamente cordada; membranácea a semicoriácea; 10–13 venas laterales primarias; haz verde, semibrilloso y envés verde más claro, semibrilloso.

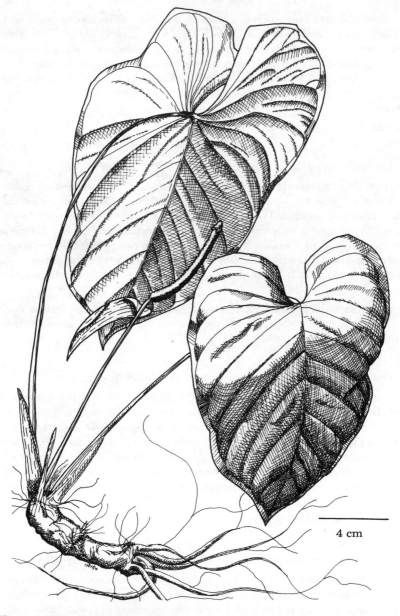

Figura 6. Hábito de *Anthurium hylaeum*.

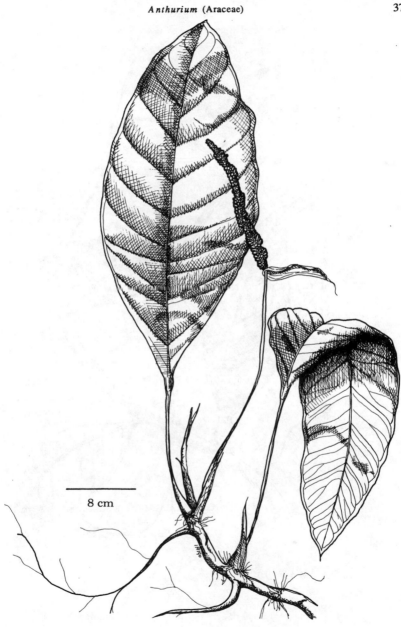

8 cm

Figura 7. Hábito de *Anthurium incomptum.*

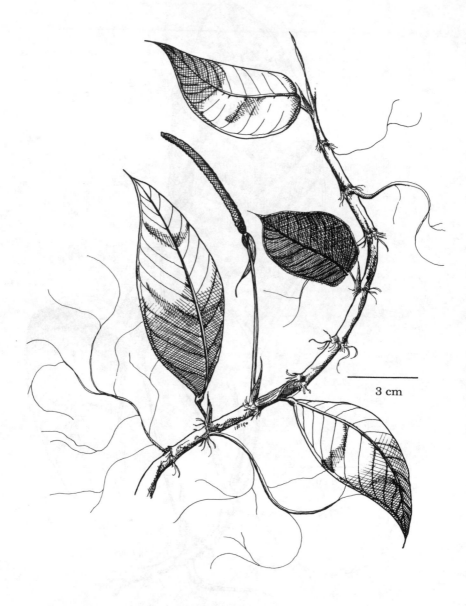

Figura 8. Hábito de *Anthurium laciniosum*.

Pedúnculo 14–37 x 0.3 cm, terete, 1/4–1/2 de la longitud del pecíolo; espata 6–19 x 1–3 cm, lanceolada, verde, semicoriácea; espádice 10–15 x 1 cm, levemente peniciliforme, amarillo. Flores 2 x 2 mm. Pistilo 2 mm, piriforme. Baya 7 mm, globosa, verde; semilla 4 mm, 1 por lóculo.

Se encuentra tanto en el bosque primario como en el secundario.

7. Anthurium incomptum Madison, Selbyana 2: 286 (1978).– **Fig. 7.**

Epífita; tallo 50 cm; entrenudos 5–10 cm; catafilos 10–20 cm, persitentes; pecíolo 15–27 x 0.3 cm, terete. Lámina 25–45 x 6–16 cm, ovada a angostamente ovada, ápice agudo a cuspidato, base aguda, semicoriácea; 9–12 venas laterales primarias; haz verde oscuro, brilloso y envés verde más claro, semibrilloso. Pedúnculo 16–42 x 0.4 cm, terete, 1/2 de la longitud del pecíolo; espata 6–12 x 1.2–2.2 cm, lanceolada, verde con márgenes moradas, semicoriácea; espádice 6–11 x 0.4 cm, peniciliforme, morado a rojo. Flores 2 x 1.8 mm; pistilo 1.8 mm, botuliforme. Baya 6 mm, globoso-alargada, durazno a roja; semilla 3.2 mm, 1 por lóculo.

Esta especie se encuentra distribuida dentro del bosque primario.

8. Anthurium laciniosum Sodiro, Anales Univ. Centr. Ecuador 15: 300 (1902).– **Fig. 8.**

Escandente; tallo hasta 150 cm; entrenudos 0.5–6 cm; catafilos rápidamente descomponiéndose en fibras; pecíolo 1–5 x 0.1–0.3 cm, subterete. Lámina 6.5–17 x 2.5–7 cm, oblongo-lanceolada a ovado–elíptica, ápice acuminado, base cuneada, semicoriácea; 8–11 venas laterales primarias; haz verde, semibrilloso, con puntos glandulares y envés verde más claro, semibrilloso, con puntos glandulares. Pedúnculo 2–12 x 0.5–1.5 cm, subterete, ca. 1/2 de la longitud del pecíolo; espata 0.6–4.3 x 1 cm, lanceolada, verde, a veces con márgenes moradas, semicoriácea; espádice 1.6–16.7 x 0.2–0.4 cm, cilíndrico, rosado. Flores 2.2 x 2 mm; pistilo 1 mm, ovoide. Baya 2–5 mm, subglobosa a ovoide, hialina a purpurea; semilla 1.8 mm, 2 por lóculo.

Esta especie es afín a *A. trinerve*. Es una trepadora frecuente dentro del bosque primario asi como en áreas secundarias.

9. Anthurium lancea Sodiro, Anales Univ. Centr. Ecuador 16: 273 (1902).– **Fig. 9.**

Terrestre; tallo hasta 70 cm; entrenudos 2–3 cm; catafilos 5–15 cm, persistentes; pecíolo 25–80 x 0.6 cm, subterete. Lámina 30–40 x 24–27 cm, triangular-hastada, ápice acuminado, base hondamente cordada y decurrente; semicoriácea a coriácea; 5–8 venas laterales primarias; haz verde oscuro, brilloso y envés verde más claro, semibrilloso. Pedúnculo 30–50 x 0.2 cm, subterete, igual o ligeramente más largo que la longitud del pecíolo; espata 6–10 x 1.2–2 cm, linear-lanceolada, verde, herbácea; espádice 6.5–8 x 0.3 cm, peniciliforme, verde. Flores 2.6 x 2 mm; pistilo 1.5–2.3 mm, globoso-ovoide. Baya hasta 9 mm, subclavada a globosa, morada; semilla 7 mm, 1 por lóculo.

Esta especie se ha encontrado dentro del bosque primario, preferentemente cerca de lugares

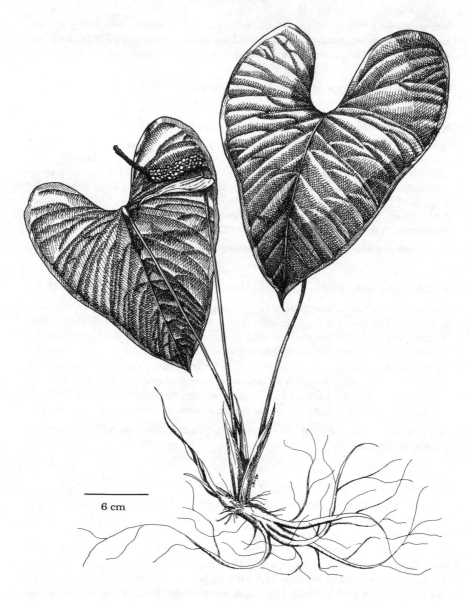

Figura 9. Hábito de *Anthurium lancea*.

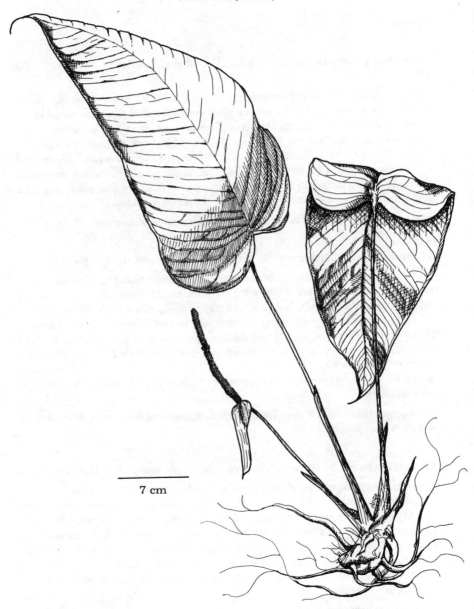

7 cm

Figura 10. Hábito de *Anthurium ochreatum*.

húmedos.

10. Anthurium ochreatum Sodiro, Anales Univ. Centr. Ecuador 15: 464 (1902).– **Fig. 10.**

Epífita o trepadora; tallo 40 cm; entrenudos 2–3.5 cm; catafilos 10–20 cm, persistentes; pecíolo 25–40 x 0.4 cm, subterete. Lámina 31–41 x 14–22 cm, ovado elíptica, ápice acuminado a cuspidado, base subcordada, cartácea; 15–22 venas laterales primarias; haz verde, brilloso y envés verde más claro, semibrilloso. Pedúnculo 15–24 x 0.4 cm, terete, 1/2 de la longitud del pecíolo. Espata 8–15 x 1–2 cm, linear-lanceolada, verde-clara a verde con puntos negros esparcidos, membranácea; espádice 8–16 x 0.4–0.7 cm, ligeramente peniciliforme, anaranjado. Flores 2.6 x 2.1 mm; pistilo 3 mm, globoso, alargado. Baya 4.6 mm, botuliforme, constriñéndose apicalmente, amarillo-verdosa; semilla 2.8 mm, 1 por lóculo.

Esta especie se encuentra únicamente dentro del bosque primario de la reserva.

11. Anthurium pallidiflorum Engl., Bot. Jahrb. Syst. 25: 395 (1898).– **Fig. 11.**

Epífita o trepadora; tallo hasta 100 cm; entrenudos 0.5–1 cm; catafilos rápidamente descomponiéndose en fibras; pecíolo 11–40 x 0.3 cm, subterete. Lámina 38–87 x 5.5–10 cm, oblongo-elíptica, ápice acuminado, base redondeada; coriácea y aterciopelada; 40–46 venas laterales primarias; haz verde con puntos glandulares, brilloso; envés verde más claro, semibrilloso. Pedúnculo 13–26 x 0.3 cm, terete, igual o más largo que la longitud del pecíolo; espata 4–12 x 1–1.5 cm, lanceolada, verde clara, membranácea; espádice 5–10 x 0.2–0.5 cm, cilíndrico a levemente peniciliforme, blanquecino. Flores 1.9 x 1.6 mm; pistilo 1 mm, oblongo-ovoide. Baya 0.7–1 cm, linguiforme, rojo–carmín apicalmente a blanca basalmente; semillas 3–5.5 mm, 1 por lóculo.

Esta especie se ha encontrado como epífita o trepadora pendiente sobre troncos, dentro de la reserva y en áreas secundarias.

12. Anthurium panduriforme Schott, Prod. Aroid. 536 (1860).– **Fig. 12.**

Terrestre; tallo 60 cm; entrenudos 3–4 cm; catafilos 20–25 cm, persistentes; pecíolo 40–60 x 0.5 cm, subterete. Lámina 30–50 x 20–30 cm, hastado-trilobada a obpiriforme, ápice agudo a acuminado, base hondamente cordada, semicoriácea; 19–21 venas laterales primarias; haz verde, semibrilloso y envés verde más claro, semibrilloso, con puntos glandulares. Pedúnculo 15–30 x 0.7 cm, varias veces estriado, 1/4–1/3 de la longitud del pecíolo; espata 10–15 x 1–2.5 cm, linear-lanceolada, verde con márgenes moradas, semicoriácea; espádice 8–15 x 0.5–0.8 cm, peniciliforme, amarillo oscuro. Flores 2.3 x 2.1 mm; pistilo 2 mm, piriforme-ovoide. Infructescencia no encontrada.

Esta especie es poco frecuente dentro del bosque primario y muy rara en las áreas secundarias.

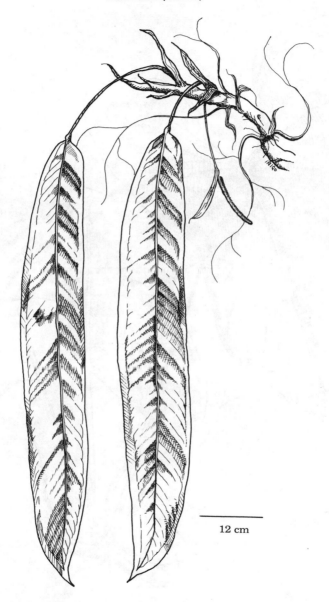

Figura 11. Hábito de *Anthurium pallidiflorum.*

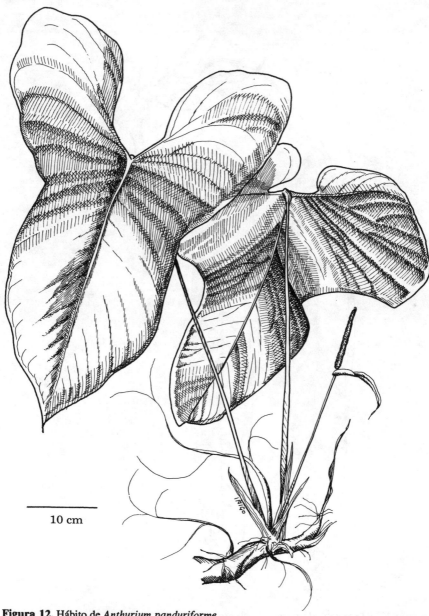

10 cm

Figura 12. Hábito de *Anthurium panduriforme*.

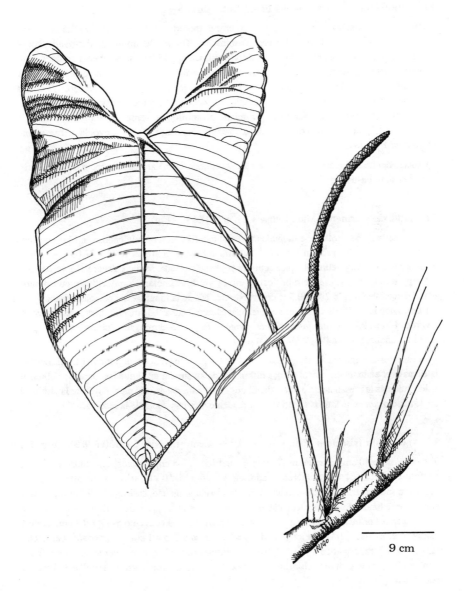

Figura 13. Hábito de *Anthurium subcoerulescens*.

13. Anthurium subcoerulescens Engl., Bot. Jahrb. Syst. 25: 391.– **Fig. 13.**

Terrestre, a veces subfrútice; tallo hasta 200 cm; entrenudos 8–12 cm; catafilos 25 cm, deciduos; pecíolo 40–70 x 0.8 cm, subterete. Lámina 35–70 x 20–40 cm, triangular-ovada, constriñéndose ligeramente en el punto de la inserción, ápice agudo, base hondamente cordada, papirácea a semicoriácea; 32–39 venas laterales primarias; haz verde, ceroso, brilloso y envés verde más claro, brilloso. Pedúnculo 12–32 x 0.3 cm, terete a 3–5 veces sulcado, 1/2 o más corto que el pecíolo; espata 14–23 x 1–2 cm, linear-lanceolada, verde, herbácea a semicartácea; espádice 10–20 x 0.5 cm, cilíndrico a ligeramente peniciliforme, verde-azulado. Flores 2.3 x 2 mm; pistilo 1.2 mm, ovoide, constriñéndose apicalmente. Baya 4–5 mm, ovoide, verde; semillas 3 mm, 1 por lóculo.

Frecuente dentro de la reserva asi como en áreas secundarias. Varias veces encontrada en agrupaciones subarbustivas.

14. Anthurium trinerve Miq., Linnaea 27: 67 (1843).– **Fig. 14.**

Escandente; tallo hasta 60 cm; entrenudos 1–4 cm; catafilos descomponiéndose en fibras que cubren a los entrenudos; pecíolo 1–5 x 0.1–0.3 cm, subterete. Lámina 7–23 x 3–8.5 cm, oblongo-lanceolada a ovado-elíptica, ápice acuminado, base cuneada, semicoriácea; 8–11 venas laterales primarias; haz verde, semibrilloso y envés verde más claro, semibrilloso, con puntos glandulares. Pedúnculo 2–7 x 0.5–1 cm, subterete, 1/2 de la longitud del pecíolo; espata 1–3.5 x 1 cm, lanceolada, verde clara, semicoriácea; espádice 2–10 x 0.3 cm, cilíndrico, crema-rosado a verde. Flores 2.2 x 2 mm; pistilo 1 mm, ovoide. Baya 2.3–3 mm, subglobosa a ovoide, purpurea a blanquecina; semillas 2 mm, 2 ó 4 por lóculo.

Esta especies es similar a *A. laciniosum,* pero *A. trinerve* se caracteriza por tener las fibras catafílicas cubriendo totalmente al tallo, a diferencia de su similar en él que las fibras no cubren al tallo. Además la presencia de puntos glanulares en *A. trinerve* es sólo en el envés de la lámina y en *A. laciniosum* es en ambas superficies. Frecuente dentro y fuera de la reserva.

15. Anthurium trisectum Sodiro, Anales Univ. Centr. Ecuador 20: 100 (1903).– **Fig. 15.**

Terrestre; tallo 40 cm; entrenudos 2–10 cm; catafilos 2.5–8 cm, descomponiéndose en fibras; pecíolo 21–37 x 0.4 cm, subterete. Lámina 18–26 x 6–10 cm, trisecta, trifoliada, membranácea; foliolo central ovado-elíptico, ápice agudo a acuminado, base aguda; foliolos laterales con ápice redondeado y base atenuada, ca. 2/3 partes de la longitud del foliolo central; 10–12 venas laterales primarias; haz y envés verdes, semibrillosos. Pedúnculo 5–17 x 0.3 cm, terete a varias veces estriado, 1/4 de la longitud del pecíolo; espata 2–5 x 1 cm, linear-ovada, verde-clara, membranácea; espádice 2–7 x 0.3–0.6 cm, cilíndrico, verde a crema-verdoso. Flores 2 x 2 mm; pistilo 1 mm, globoso, elongado. Baya 4 mm, ovoide, roja carmín; semillas 0.3 mm, 1 por lóculo.

Esta especie se encuentra dentro del bosque primario, pero es más frecuente en áreas secunda-

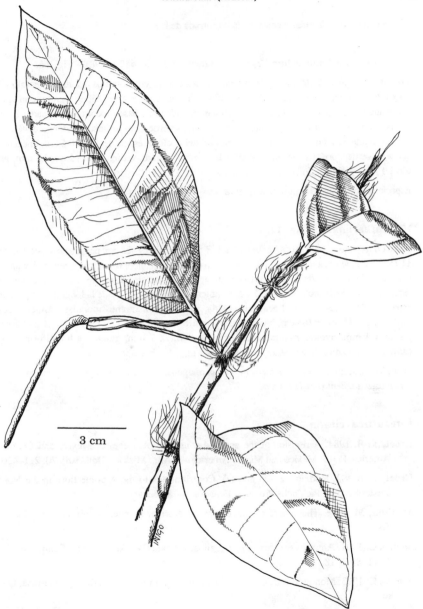

Figura 14. Hábito de *Anthurium trinerve*.

rias recientemente alteradas y con abundante entrada de luz.

16. Anthurium truncicolum Engl., Bot. Jahrb. Syst. 25: 452 (1898).– **Fig. 16.**

Trepadora o epífita; tallo hasta 200 cm; entrenudos 6.5–12 cm; catafilos deciduos; pecíolo 40–70 x 0.6 cm, terete. Lámina 22–40 x 20–40 cm, trilobada, coriácea; lóbulo central con ápice acuminado a agudo; lóbulos laterales con ápice redondeado y base subcordada truncada; 11–15 venas laterales primarias; haz verde, brilloso y envés verde, semibrilloso. Pedúnculo 40–80 x 1.3 cm, terete, igual o más largo que la longitud del pecíolo; espata 13–28 x 0.5 cm, linear-lanceolada, verde, coriácea; espádice 10–23 x 0.5 cm, cilíndrico, verde. Flores 2.8 x 2.8 mm; pistilo 2.1 mm, globoso. Infructescencia no vista.

Especie poco frecuente dentro de la reserva.

17. Anthurium sp.– **Fig. 17.**

Epífita o trepadora; tallo 60 cm; entrenudos 1–3 cm; catafilos 7–12 cm, persistentes; pecíolo 45–110 x 0.5 cm, terete a subterete. Lámina 20–40 x 20–40 cm, acorazonado-hastada, ápice agudo a acuminado, base cordada, semicoriácea; 10–13 venas laterales primarias; haz y envés verdes, semibrillosos. Pedúnculo 27–70 x 0.4 cm, subterete a terete, 1/2–1/3 de la longitud del pecíolo; espata 5–12 x 1.2–2.2 cm, linear-lanceolada, verde con márgenes moradas, semicoriácea; espádice 10–15 x 0.3–0.5 cm, levemente peniciliforme, morado. Flores 2.5–3 x 1.3–2.8 cm; pistilo 1.4 mm, ovoide, obtusamente tetrágono. Baya 7 mm, globosa a botuliforme, roja carmín apicalmente, blanca basalmente; semilla 4 mm, 1 por lóculo.

Esta especie se encuentra frecuentemente en las márgenes del río Cabuyales y en áreas con excesiva húmedad, dentro de la reserva.

Literatura citada

Croat, T. B. 1984. A revision of the genus *Anthurium* (Araceae) of Mexico and Central America. Part I: Mexico and Middle America. — Ann. Missouri Bot. Gard. 70: 211–420.

Croat, T. B. y J. Rodríguez. (en prensa). Contributions to the Araceae flora in the North western part of Pichincha Province, Ecuador. — Aroideana.

Madison, M. 1978. The genera of Araceae in the Northern Andes. — Aroideana 1(2): 31–53.

Sodiro, L. 1901. Anturios ecuatorianos: Diagnoses Previas. — Anales Univ. Centr. Ecuador 15 (108): 1–18.

Sodiro, L. 1903. Monografía II: Contribuciones al conocimiento de la flora ecuatoriana. Quito.

Sodiro, L. 1905. Suplemento I: Anturios ecuatorianos. Monografía II: Contribuciones al co-

Figura 15. Hábito de *Anthurium trisectum*.

Figura 16. Hábito de *Anthurium truncicolum*.

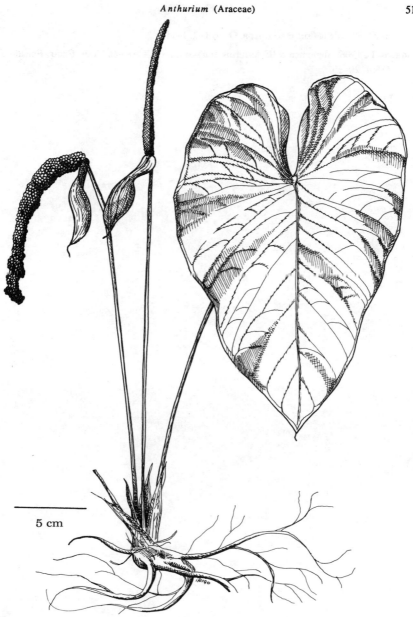

5 cm

Figura 17. Hábito de *Anthurium* sp.

nocimiento de la flora ecuatoriana. Quito 1–3: 1–112.

Sodiro, L. 1906. Suplemento II: Anturios ecuatorianos. — Anales Univ. Centr. Ecuador. 2 (156): 20–39.

3. Arecaceae

Por Ana Argüello de Aguirre

La familia Arecaceae, también conocida como Palmae o la familia de las palmas, tiene una amplia distribución en las zonas tropicales y subtropicales, con pocas especies en las regiones templadas. Consta de 200–217 géneros y 2.700 especies. Es una de las familias con mayor importancia económica en el mundo para la alimentación, construcción de viviendas, tejidos, etc., con: *Cocos nucifera* (cocotero), *Astrocaryum chambira* (chambira), *Jessenia bataua* (ungurahua), *Mauritia flexuosa* (morete), *Euterpe edulis* (palmito), *Bactris gasipaes* (chonta duro), *Phytelephas microcarpa* (tagua), *Elaeis guainensis* (palma africana), para citar unas pocas especies.

Aunque no existe un tratado de esta familia para el Ecuador, se conoce la presencia de 34 géneros y 129 especies que corresponden al 53% de los géneros y al 15% de las especies de América del Sur, lo que realza la importancia de esta familia en relación a la superficie del país (Balslev & Barfod, 1987). En la "Reserva ENDESA" se encuentran 10 géneros y 11 especies de palmas; son conspicuas en el dosel del bosque y codominantes con otras especies de árboles.

ARECACEAE

Árboles o arbustos, monoicos, dioicos o polígamos, con raíces adventicias conspicuas o inconspicuas. Tronco mayormente sin ramificaciones, atravezado por anillos. Hojas a menudo densamente amontonadas hacia el ápice del tronco, reunidas en una corona, mayormente pinnadas, con vaina basal y lámina plegada. Inflorescencia inter-, infra- o suprafoliar; pedúnculo sostenido por brácteas y una o varias espatas, a veces con cimba (espata externa leñosa). Flores uni- o bisexuales, actinomorfas o ligeramente zigomorfas, básicamente trímeras; androceo generalmente con 6 estambres en dos verticilos de 3, anteras tetraesporangiadas, ditecales, con dehiscencia longitudinal, en flores masculinas pistilodio presente o ausente; gineceo súpero, 3 carpelos unidos, a veces pseudomonómero, 1–3 óvulos con placentación axial o basal; estilos libres, connatos o ausentes; en flores femeninas estaminodios generalmente presentes. Fruto indehiscente, usualmente 1 semilla desarrollada.

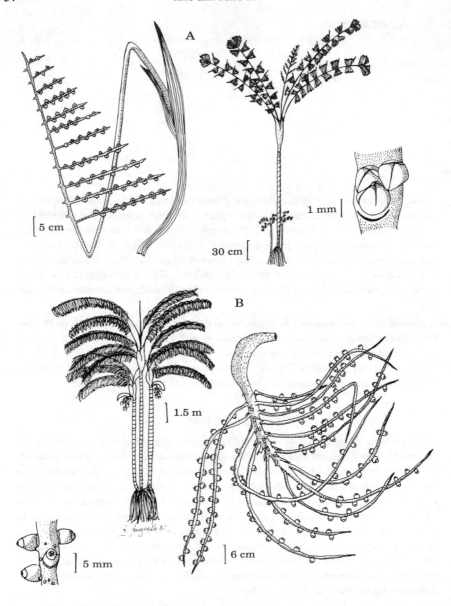

Figura 1. A. *Aiphanes erinacea*, inflorescencia, hábito y sección de una raquilla, y, B. *Bactris setulosa*, sección de una raquilla, hábito e inflorescencia.

CLAVE PARA LAS EPECIES

1. Árbol cespitoso.

2. Árbol espinoso.

   3. Pinnas premorsas. Árbol parcialmente espinoso, tronco con espinos delgados, 1–2 cm de largo. Inflorescencia interfoliar; sin cimba. Mesocarpo carnoso. **1. Aiphanes erinaceae**

   3. Pinnas ensiforme–acuminadas. Árbol totalmente espinoso, tronco con espinos duros, hasta 10–15 cm de largo. Inflorescencia infrafoliar; con cimba. Mesocarpo fibroso. **2. Bactris setulosa**

2. Árbol glabro. **10. Prestoea sp.**

1. Árboles solitarios.

   4. Árbol dioico. Pinnas elíptico–aristadas. Ovario lobado. **4. Chamaedorea poeppigiana**

   4. Árbol monoico. Pinnas no elípticas. Ovario no lobado.

   5. Inflorescencia interfoliar. Flores sumergidas formando un alveolo; seis estambres.

   6. Inflorescencia un espádice simple. Lámina con pinnas desiguales. Anteras en el botón inflexas; tecas separadas por un conectivo bífido; pistilo unilocular y uniovular; estilo basal–lateral.

   7. Hojas con 2–3(–4) pares de pinnas desiguales. **6. Geonoma macrostachys**

   7. Hojas con ca. 9 pares de pinnas iguales **5. Geonoma jussieuana**

   6. Inflorescencia un espádice compuesto. Lámina con pinnas iguales. Anteras en el botón erectas; tecas unidas lateralmente con el conectivo; pistilo trilocular y triovular; estilo terminal. **9. Pholidostachys dactyloides**

   5. Inflorescencia infrafoliar. Flores no sumergidas; más de seis estambres.

   8. Pinna apical premorsa; hojas reflexas; mucrón ausente.

   9. Flores femeninas y masculinas en distintos espádices; estambres adnatos a la corola.

   10. Pinna apical partida. Inflorescencia femenina un espádice compuesto. Anteras mucronadas. En flores femeninas ovario tricarpelar en la antesis; estilo corto, glabro o ausente; estigmas eroso–postulados; estaminodios presentes. **3. Catoblastus aequalis**

   10. Pinna apical no partida. Inflorescencia femenina una mazorca compuesta (polística). Anteras obtusas. En flores femeninas ovario unicarpelar en la antesis; estilo corto, seríceo; estigma terete; estaminodios ausentes. **11. Wettinia quinaria**

   9. Flores femeninas y masculinas en el mismo espádice; estambres libres. **7. Iriartea deltoidea**

   8. Pinna apical no premorsa; hojas ascendentes; mucrón presente. **8. Jessenia bataua**

---

1. Aiphanes erinacea (Karst.) Wendl., Kerch. Palm.: 230 (1878).– **Fig. 1A.**

Árbol cespitoso, 2–3 troncos, parcialmente espinosos, monoico; 50–60 raíces, diámetro 0.7–1.3 cm. Tronco 140–150 x 3–6 cm; espinos 1–2 cm. Corona de 3–5 hojas reflexas; vaina 30–45 cm; raquis espinuloso; lámina 150–160 x 30–65 cm; 30–35 pinnas, alternas, premorsas truncadas, abaxialmente apiculadas, espinos menos de 1 mm. Inflorescencia un espádice com-

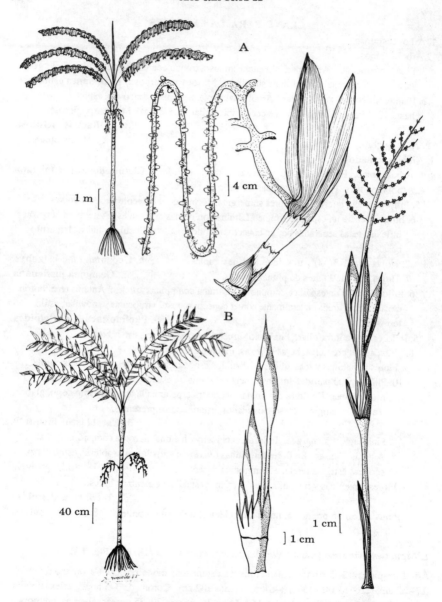

Figura 2. A. *Catoblastus aequalis*, hábito e inflorescencia, y, B. *Chamaedorea poeppigiana*, hábito, inflorescencia masculina en botón y en antesis.

puesto, 35–40 cm (desde la ramificación), interfoliar, adpreso, ramificación monopodial, estrigoso; pedúnculo 75–110 x 0.7–1 cm; 2 espatas 25–30 cm, deciduas, glabras; sin cimba. Flores
masculinas no inmersas; sépalos 0.8–1 mm, libres, valvados, carnosos; 6 estambres menos de
1 mm, connatos en la base en forma de copa, pistilodio evidente. Flores femeninas inmersas;
sépalos 0.8–1 mm, libres, imbricados, membranosos; pétalos 1.5–2 mm, connatos en la base,
estaminodios connatos; ovario tricarpelar, unilocular, 1 óvulo, placentación basal; 3 estigmas
sésiles. Fruto 3–4 x 3–4 mm, esférico, liso; mesocarpo carnoso.

2. Bactris setulosa Karst., Linnaea 28:408 (1857).– **Fig. 1B.**

Árbol cespitoso, 3 ó más troncos, conspicuamente espinosos, monoicos; ca. 30 raíces, diámetro
0.5–1.5 cm. Troncos 660–880 x 10–15 cm. Corona de 5–6 hojas dispersas; vaina 100–200
cm; raquis tomentoso y estriguloso; lámina 210–280 x 150–200 cm; 100–200 pinnas, alternas y
opuestas, ensiformes, acuminadas, base truncada, espinos 1–3 mm. Inflorescencia un espádice
compuesto, 20–35 cm (desde la ramificación), infrafoliar, divaricado, con ramificación monopodial, fibroso y tomentoso; pedúnculo 10–20 x (0.8–)1.5–2.5 cm; 1 espata 40–65 x 10–35
cm, decidua, glabra; cimba presente. Flores masculinas sésiles; sépalos 1–1.5 mm, connatos en
forma de copa; pétalos 2.5–3.5 x 3–4 mm, connatos formando un receptáculo; 13 estambres
2.5–3.5 mm, libres, pistilodio inconspicuo. Flores femeninas levemente inmersas; sépalos connatos formando una copa de 1–2 mm; pétalos connatos formando una copa de 6–7 mm; estaminodios obsoletos; ovario trilocular, 3 óvulos; 3 estigmas sésiles. Fruto 1–1.3 x 0.7–1.1 cm, esférico; mesocarpo carnoso.

3. Catoblastus aequalis (Cook & Doyle) Burret., Notizbl. Bot. Gart. Berlin–Dahlem 10:
935 (1930).– **Fig. 2A.**

Árbol solitario, monoico; 30–40 raíces, 2.5–3.5 cm de diámetro. Tronco 450–600 x 10–15 cm.
Corona de 6–8 hojas dispersas o reflexas; vaina 80–160 cm; lámina 260–420 x 180–210 cm;
55–60 pinnas alternas y opuestas, con la margen adaxial premorsa y la abaxial recta, ápice obtuso, pinnas apicales premorso-truncadas, base truncada. Inflorescencia un espádice compuesto,
unisexual. Inflorescencia masculina 20–25 cm (desde la ramificación) infrafoliar, difusa, con
ramificación basal; pedúnculo 9–11 x 0.6–1 cm; 2 espatas 25–30 cm, deciduas, sin cimba; 2
brácteas 4–20 cm. Inflorescencia femenina 70–110 cm (desde la ramificación), infrafoliar, divaricada con ramificación monopodial; pedúnculo 18–30 x 1.3–2 cm; 2 espatas 40–46 cm, deciduas; sin cimba; flores sésiles. Flores masculinas; sépalos 0.8–1 mm, libres, valvados y
membranosos; pétalos 6–7 mm, libres, valvados y carnosos; 9 estambres de 6.5–10 mm, adnatos a la corola; pistilodio obsoleto. Flores femeninas; sépalos connatos en la base, 1.5–2 mm,
coriáceos, persistentes; pétalos 5–6.5 mm, libres, valvados y carnosos; 6 estaminodios libres;
ovario unilocular, 1 óvulo, placentación basal; 3 estigmas lobulados. Fruto 2.8–3.8 x 1.5–2.3
cm, elipsoide a oblongo, ampolloso; mesocarpo fibroso.

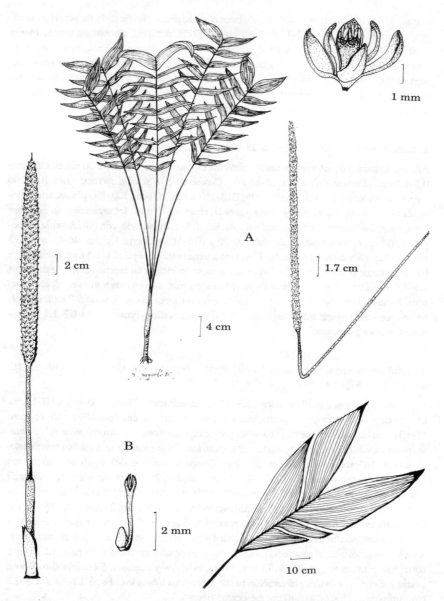

Figura 3. A. *Geonoma jussieuana*, hábito, flor e inflorescencia, y, B. *G. macrostachys*, hoja e inflorescencia.

4. Chamaedorea poeppigiana (Mart.) A. Gentry, Ann. Missouri Bot. Gard. 73: 1621 (1986).– **Fig. 2B.**

Árbol solitario, dioico; 40–80 raíces, diámetro 0.5–2 cm. Tronco 190–400 x 4.5–15 cm, liso. Corona de 4–5 hojas dispersas; vaina 40–60 cm; raquis glabro; lámina 180–250 x 90–150 cm, pinnas alternas y opuestas, elípticas, aristadas, base atenuada. Inflorescencia un espádice compuesto, 8–30 cm (desde la ramificación), infrafoliar, erecto o levemente adpreso, ramificación monopodial, granuloso; pendúnculo 30–45 x 1–2 cm; 3–5 espatas, 10–50 cm, deciduas, glabras; sin cimba. Flores masculinas sésiles; sépalos 0.7–1 mm, connatos, formando una copa membranosa; pétalos 2.5–3.5 x 2.5–3.5 mm, libres, valvados, carnosos; 6 estambres, 1.5–3 mm, connatos en la base. Flores femeninas sésiles; sépalos 1.5–2.5 mm, connatos, formando una copa carnosa; pétalos 5–7 x 3–5 mm, libres, valvados, carnosos; ovario trilocular, 3 óvulos, placentación basal–axial; 3 estigmas sésiles. Fruto 2–3 x 1.5–2 cm, elipsoide, liso; mesocarpo carnoso.

5. Geonoma jussieuana Mart., Voy. Amérique Mér. (Palmiers) 7(3): 24; pl.12 f.1 & pl. 23a (1844).– **Fig. 3A.**

Acaulescente solitario. Corona de 6 hojas; lámina ca. 63 x 30 cm, ca. 18 pinnas alternas y opuestas, iguales, glabras. Inflorescencia 15–20 cm; pedúnculo ca. 22 x 0.3 cm; espatas y brácteas desconocidas. Flores en un alveolo bipartido. Flores masculinas; sépalos 2.5–3 mm; pétalos 2.5–3 mm; tubo estaminal 1.5–2 mm. Flores femeninas; sépalos 1.2–1.5 mm; pétalos 1–1.5 mm, tubo estaminoidal lobado; ovario elipsoide, estigmas subulados. Fruto 0.8–1 x 0.6–0.7 mm, elipsoide, liso.

6. Geonoma macrostachys Mart., Hist. Nat. Palm. 2: 19 pl.12 (1823).– **Fig. 3B.**

Árbol solitario. Tronco ausente o máximo 20 x 5 cm. Corona de 6–7 hojas; vaina 10–20 cm; lámina 45–70 x 25–40 cm, 4–6(–8) pinnas subopuestas o alternas, desiguales, glabras o envés puberulento. Inflorescencia (8–)12–20 cm; pedúnculo (18–)22–30 x 0.2–0.4 cm; espata 15–20 cm, fibrosa, glabra; bráctea ca. 13 cm, fibrosa, glabra. Flores en un alvéolo bipartido. Flores masculinas; sépalos 2–2.5 mm; pétalos 2–2.5 mm; tubo estaminal 1.5–2 mm. Flores femeninas; sépalos 1.2–1.5 mm; pétalos 1–1.5 mm; tubo estaminoidal lobado; ovario elipsoide; estigmas subulados. Fruto 0.5–0.8 x 0.4–0.6 cm, elipsoide, liso.

7. Iriartea deltoidea Ruiz & Pavón, Fl. peruv. prodr. 149 t.32 (1794).– **Fig. 4A.**

Árbol solitario, monoico; 10 raíces, diámetro 5–8 cm. Tronco ca. 20 x 0.25–0.30 m, liso. Corona de 4–6 hojas reflexas; vaina 60–200 cm; lámina 280–650 x 160–250 cm; 22–28 pinnas alternas, desiguales, las apicales con ápice premorso–subtruncado, las medias subtriangulares con margen y ápice premorsos, las basales obtriangulares con ápice premorso-truncado. Inflorescencia en espádice compuesto, 80–150 cm (desde la ramificación), infrafoliar, reclinado, rami-

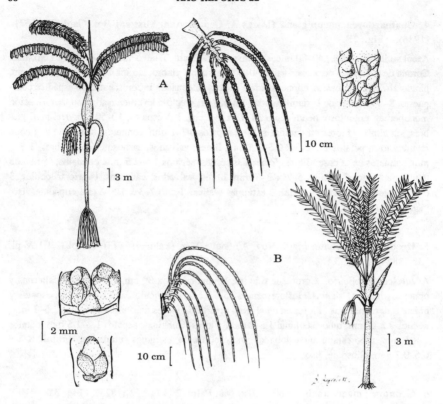

Figura 4. A. *Iriartea deltoidea*, hábito, inflorescencia y sección de una raquilla, y, B. *Jessenia bataua*, sección de una raquilla, inflorescencia y hábito.

ficación monopodial, glabro; pedúnculo 30–40 x 8–15 cm; espatas caducas. Flores masculinas sésiles, levemente inmersas; sépalos 2–2.5 mm, libres, imbricados y coriáceos; pétalos 2–11 x 4–5 mm, libres, imbricados y coriáceos; 16–18 estambres de 6–8 mm, libres; pistilodio evidente. Flores femeninas sésiles, levemente inmersas; sépalos 4–5 mm, libres convolutos, coriáceos; pétalos 5–6 x 6–7 mm, libres, imbricados, coriáceos; 12 estaminodios libres; ovario trilocular; 3 óvulos, placentación basal; 3 estigmas sésiles. Fruto 1.5–2.5 x 0.8–1 cm, elíptico; mesocarpo fibroso.

8. Jessenia bataua (Mart.) Burret., Notizbl. Bot. Gart. Berlin–Dahlem 10: 302 (1928).– **Fig. 4B.**

Árbol solitario, monoico; ca. 10 raíces, diámetro 0.5 cm. Tronco ca. 12 x 0.15–0.25 m, liso.

Corona de ca. 8 hojas ascendentes; vaina 100–150 cm; lámina 800–900 x 200–250 cm; 100–130 pinnas opuestas, lanceoladas, acuminadas, base truncada. Inflorescencia un espádice, ca. 60 cm (desde la ramificación), infrafoliar, ascendente, ramificación basal o submonopodial, glabra; pedúnculo 20–25 x 2.5–3 cm; 1 espata, ca. 130 cm, caduca; 1 bráctea, ca. 30 cm. Flores masculinas; sépalos 1–2 mm, libres, imbricados, carnosos; pétalos 3–4 x 4–5 mm, libres, valvados, carnosos; 15–17 estambres de 1.5–2 mm; pistilodio conspicuo. Flores femeninas; sépalos 2–2.5 mm, libres, imbricados, carnosos; pétalos 1.5–2 x 1–1.5 mm, libres, imbricados, carnosos; ovario trilocular, 3 óvulos, placentación basal; 3 estigmas sésiles. Fruto no visto.

9. Pholidostachys dactyloides H. E. Moore, J. Arnold Arbor. 48:148, fig. 3–4 (1967).– **Fig. 5A.**

Árbol; numerosas raíces, diámetro 5 mm. Tronco ca. 670 x 7–10 cm, liso. Corona de ca. 18 hojas; vaina 20–30(–45) cm; raquis marrón; pecíolo 30–45 x 1.5–3 cm; lámina ca. 180 x 120–170 cm; 16 pinnas alternas y opuestas, en la base 6–10 cm de ancho, glabras. Inflorescencia 40–55 cm (desde la ramificación); pedúnculo (10–)15–20 x 0.8–1.2 cm; 2 espatas (45–)55–70, fibrosas, tomentosas. Flores masculinas; sépalos 3–4 mm; pétalos 4–6 mm; tubo estaminal 2.5–3.5 mm. Flores femeninas; sépalos 1.2–1.5 mm; pétalos 1.5–2 mm; ovario triangular. Fruto 0.7–1.2 x 0.5–0.6 cm, obovado, comprimido lateralmente, ampolloso.

10. Prestoea sp.– **Fig. 5B.**

Árbol cespitoso, 3–8 troncos, polígamo, 50–60 raíces, diámetro 0.3–1 cm. Tronco 100–350 x 3–5 cm. Corona de 4–5 hojas reflexas; vaina 25–50 cm; raquis glabro; lámina 130–220 x 50–120 cm, 65–80 pinnas opuestas o subopuestas, ensiformes, glabras, acuminadas, base truncada. Inflorescencia un espádice compuesto, 20–40 cm (desde la ramificación), infrafoliar, descendente, con ramificación monopodial, pubescente; pedúnculo 20–35 x 0.5–1 cm; 1 espata 50–65 cm, caduca, glabra; cimba presente; 1 bráctea, 10–20 cm, decidua, glabra. Flores bisexuales levemente inmersas; sépalos 1–1.5 mm, libres, ciliados, fibrosos; pétalos 2.5–3 mm, libres, imbricados, fibrosos; 6 estambres, 3–3.5 mm, libres; ovario unilocular, 1 óvulo, placentación basal; 3 estigmas subulados o teretes. Flores femeninas levemente inmersas; sépalos y pétalos 2.5–3 mm, libres, imbricados, fibrosos, ciliados; óvario pseudomonómero, unilocular, 1 óvulo, placentación basal; 3 estigmas persistentes. Fruto 0.7–1 x 0.7–1 mm, esférico, liso; mesocarpo fibroso.

11. Wettinia quinaria (Cook & Doyle) Burret., Notizbl. Bot. Gart. Berlin–Dahlem 10: 942 (1930).– **Fig. 6.**

Árbol solitario, monoico; 35–50 raíces, diámetro 3–4 cm. Tronco 130–160 x 13–20 cm. Corona de 6–7 hojas reflexas; vaina 65–150 cm; lámina 320–410 x 180–200 cm; 110–160 pinnas

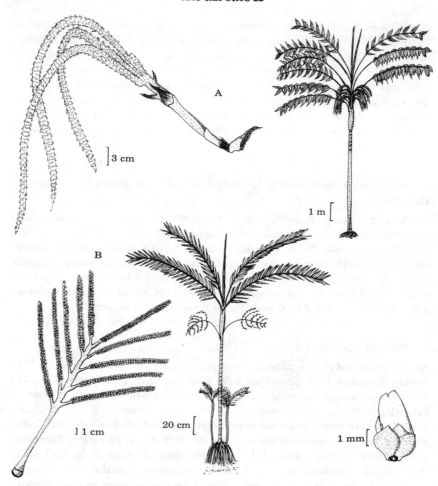

Figura 5. A. *Pholidostachys dactyloides*, hábito e inflorescencia. B. *Prestoea* sp., hábito, flor femenina e inflorescencia.

alternas y opuestas, margen adaxial premorsa, margen abaxial recta, ápice premorso, pinnas apicales premoso-truncadas, base truncada. Inflorescencias en espádices compuestos, unisexuales. Inflorescencia masculina 70–80 cm (desde la ramificación), infrafoliar, difusa, con ramificación basal; pedúnculo 15–30 x 1–2 cm; 3 espatas 20–50 cm, deciduas; sin cimba; 2 brácteas 8–15 cm. Inflorescencia femenina 25–40 cm (desde la ramificación), infrafoliar, divaricada, ramificación monopodial; pedúnculo 15–30 x 1.5–4 cm; 4 espatas de 20–40 cm, cadu-

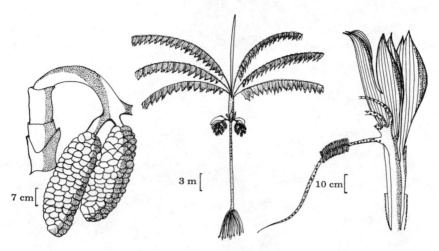

Figura 6. *Wettinia quinaria*, hábito, inflorescencia masculina y femenina.

cas; sin cimba; 2 brácteas de 8–15 cm. Flores masculinas sésiles; sépalos 2–4 mm, libres, imbricados, y carnosos; pétalos 6–8 mm, libres, imbricados y carnosos; 8–9(–11) estambres de 4–5 mm, adnados a la corola y connatos. Flores femeninas sésiles; sépalos 5–12 mm, connatos en la base, uncinados y carnosos; pétalos 15–21 mm, libres, falcados y coriáceos; ovario unilocular; 1 óvulo, placentación basal; estilo basal; 3 estigmas subulados. Fruto 2–3 x 1.3–2.4 cm, obovado; mesocarpo fibroso.

Literatura citada

Balslev, H. y A. Barfod, 1987. Ecuadorean palms – an overview. — Opera Bot. 92: 17–35.

4. Costaceae

Por **Carmen Ulloa U.**

La familia Costaceae tiene una distribución pantropical, consta de 4 géneros y 105 especies y mantiene su diversidad máxima en el neotrópico. En el Ecuador está representada por 2 géneros, *Costus* (ca. 20 especies) y *Dimerocostus strobilaceus* Kuntze (Maas, 1976). Frecuentemente esta familia ha sido tratada como una subfamilia de Zingiberaceae (Maas, 1972). Sin embargo, características tales como la disposición en espiral de las hojas y la vaina basal cerrada, la separan como una familia más dentro del orden Zingiberales (Cronquist, 1981).

COSTACEAE

Hierbas pequeñas a gigantes, rizomatosas, caulescentes. Hojas arregladas en espiral; vaina basal cerrada; pecíolo corto; lígula ventral; lámina simple. Inflorescencia terminal en el tallo; brácteas arregladas en espiral, una flor axilar en cada bráctea; bracteola floral sosteniendo cada flor. Flores; cáliz de 3 sépalos unidos en la base formando un tubo; 1 estambre funcional y 1 estaminodio llamado labelo; ovario ínfero trilocular de placentación axial y numerosos óvulos por lóculo; estilo filiforme; 1 estigma papilado. Cápsula con numerosas semillas ariladas.

En el área de ENDESA se encuentra solamente el género *Costus* con 3 especies, caracterizado por la inflorescencia terminal en espiga con brácteas muy imbricadas. Las flores presentan el cáliz con un tubo corto y 3 lóbulos desiguales, el labelo es tubular o expandido, el estambre es petaloide y el estilo filiforme. Es un género con alrededor de 80 especies, principalmente neotropicales (ca. 50 especies) y un menor número de especies en el paleotrópico (30 especies). Las especies de *Costus* son utilizadas por los habitantes del área en la medicina popular (Ríos, 1988).

CLAVE PARA LAS ESPECIES

1. Todas las brácteas con 1 apéndice foliar. **1. C. guanaiensis** var. **tarmicus**
1. Brácteas sin apéndice foliar, excepto la basal.
 2. Labelo expandido; brácteas verdes en la parte expuesta y rojas en la parte cubierta.
2. C. laevis
 2. Labelo tubular; brácteas completamente rojas. **3. C. pulverulentus**

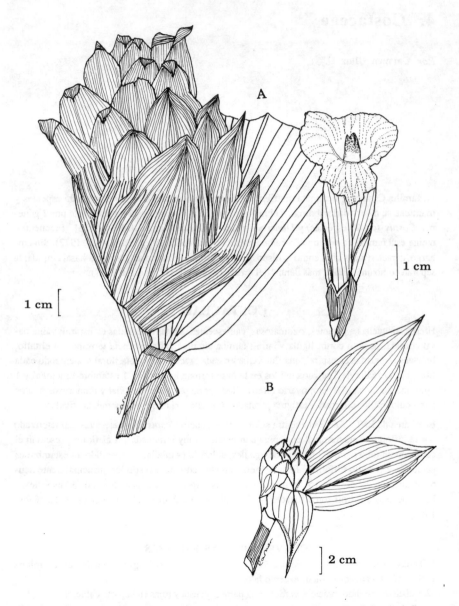

Figura 1. A. *Costus guanaiensis* var. *tarmicus*, inflorescencia y flor, y, B. *C. laevis*, inflorescencia.

1. Costus guanaiensis Rusby, Bull. Torrey Bot. Cl. 29: 694 (1902). var. **tarmicus** (Loes.) Maas, Fl. Neotrop. 8: 56 (1972).– **Fig. 1A.**

Hierba de 2–3.5 m; lámina 15–30 x 4.5–14 cm, angostamente ovada a angostamente obovada. Inflorescencia 14.5–25 x 6.6 cm, ovoide; brácteas verdes en la parte expuesta y rosadas en la parte cubierta, puberulentas; apéndice foliar doblado hacia afuera; bracteola floral roja. Flores; cáliz 14–19 mm, rojo, glabro; tubo de la corola 9–12 mm, blanco, glabro; lóbulos de la corola 45–62 x 22–31 mm, angostamente obovados a ovados, amarillentos o blancos, glabros; labelo 57–75 x 41–56 mm, expandido, muy anchamente obovado, amarillo con estrías rojas; ovario 10–12 mm. Cápsula 22 x 9 mm.

Esta especie se caracteriza por el apéndice foliar recurvado en todas las brácteas. Se encuentra en áreas secundarias y en los bordes del carretero.

2. Costus laevis Ruiz & Pavón, Fl. peruv. 1: 3 (1798).– **Fig. 1B.**

Hierba de 1–2 m; lámina 15–38 x 6–13 cm, angostamente elíptica a angostamente obovada. Inflorescencia 4.5–13 x 2.4–5.5 cm, ovoide; brácteas verdes en la parte expuesta y roja en la cubierta, glabras a densamente puberulentas, callo amarillo; bracteola floral roja. Flores; cáliz 15.5–18.5 mm, rojo, pubescente; tubo de la corola 14 mm, amarillo, glabro; lóbulos de la corola 43–46 x 14–25 mm, angostamente obovados, amarillos, glabros; labelo 59–64 x 48–52 mm,

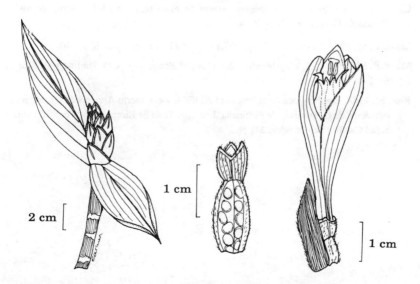

2 cm

1 cm

1 cm

Figura 2. A. *Costus pulverulentus*, inflorescencia, fruto y flor.

expandido, anchamente obovado, amarillo o rojo con estrías amarillas; ovario 4.5–7 mm. Cápsula 13–15 x 7.5–9.5.

Se caracteriza por la inflorescencia compacta, verde y por el labelo expandido. Es frecuente en áreas secundarias a lo largo de la carretera que conduce a la reserva y en el borde del río y de los riachuelos.

3. Costus pulverulentus C. B. Presl., Reliq. Haenk. 1: 41 (1830).– **Fig. 2.**

Hierba de 0.5–1.5 m; lámina 8.5–30 x 4.7–20 cm, angostamente elíptica a angostamente obovada. Inflorescencia 4.5–14 x 1.7–3 cm, fusiforme; brácteas rojas, en las partes expuestas y cubiertas, puberulentas, callo amarillo; bracteola floral roja. Flores; cáliz 7.5–10.5 mm, rojo, puberulento; tubo de la corola 12–18 mm, rojo, puberulento; lóbulos de la corola 27–33 x 10–16 mm, estrechamente obovados, rojos, glabros; labelo con los lóbulos laterales doblados hacia adentro formando un tubo estrecho, 5 dentado, 23–38 mm y 7.5–8.5 mm de diámetro, rojo o amarillo; ovario 6.5–7 mm. Cápsula 11–14 x 6.5–7.5 mm.

El labelo tubular y las brácteas rojas y brillantes caracterizan a esta especie. Se encuentra frecuentemente dentro de la reserva, a lo largo de los caminos y está cultivada como ornamental por sus vistosas brácteas.

Literatura citada

Cronquist, A. 1981. An integrated system of classification of flowering plants. — Columbia Univ. Press. New York.

Maas, P. M. 1972. Costoideae (Zingiberaceae) *En* Flora Neotropica 8: 1–140.

Maas, P. M. 1976. 222. Zingiberaceae *En* Flora of Ecuador (eds. G. Harling y B. Sparre) 6: 1–49.

Ríos, M. 1988. Etnobotánica de la Reserva ENDESA y el Caserío Alvaro Pérez Intriago, Noroccidente de la Provincia de Pichincha, Ecuador. Tesis de Licenciatura, Pontificia Universidad Católica del Ecuador, 241 pp.

5. Cyclanthaceae

Por Ana Argüello de Aguirre

La familia Cyclanthaceae, conocida como la de "los sombreros de Panamá", se distribuye en los trópicos de América y al oeste de la India (Chant, 1978). Consta de 11 géneros y 178 especies. *Carludovica palmata* (paja toquilla) es la única especie de importancia económica, aunque muchas especies se usan localmente. En el Ecuador se registran 8 géneros y 55 especies (Harling, 1958 y 1973). Dentro de la "Reserva ENDESA" se encontraron 7 u 8 géneros y 19 especies.

CYCLANTHACEAE

Hierbas epífitas, trepadoras o terrestres. Hojas dispersas o dísticas; lámina plegada, mayormente bipartida; uni-, bi- o tricostata. Inflorescencia, espádice monoico, axilar, sustentado por 2-11 espatas. Flores unisexuales, masculinas y femeninas arregladas en grupos de 1 masculi nas alrededor de 1 femenina (subfamilia Carludovicoideae) o en ciclos alternados no pudiéndose diferenciar flores individuales (subfamilia Cyclanthoideae). Flores masculinas simétricas o asimétricas, lóbulos del perianto distribuidos alrededor del receptáculo o en un solo lado; estambres en número indefinido; anteras ditecales, dehiscencia longitudinal. Flores femeninas libres o parcialmente connatas; ovario con 4 carpelos, unilocular; 4 placentas parietales o 1–4 apicales; numerosos óvulos; 4 estilos libres o connatos, a veces concrescentes en un solo estilo o ausentes; 4 estigmas alternos a los tépalos; 4 estaminodios. Fruto indehiscente, sincarpio de bayas libres o connatas; semillas numerosas y pequeñas.

CLAVE PARA LAS ESPECIES

1. Hojas bicostatas. Flores masculinas y femeninas en ciclos concrescentes, flores individuales no distinguibles.   **12. Cyclanthus bipartitus**
1. Hojas uni- o tricostatas, a veces subtricostatas. Flores masculinas y femeninas arregladas en grupos con 4 masculinas alrededor de 1 femenina, flores individuales distinguibles (subfamilia Carludovicoideae).
  2. Hojas flabeliforme-partidas, con 4 segmentos dentados, pecíolo en la madurez tres veces o más largo que la lámina. Estigmas de color mostaza.   **11. Carludovica palmata**

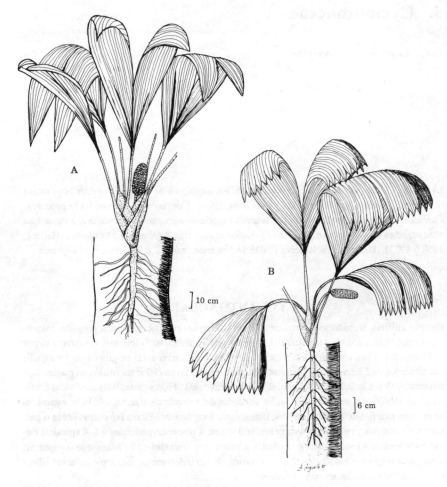

Figura 1. Hábito de: A. *Asplundia cayapensis*, y, B. *A. dominguensis*.

2. Hojas bipartidas (hojas jóvenes a veces enteras), con 2 segmentos a veces secundariamente partidos; pecíolo en la madurez 2 veces más largo que la lámina. Estigma no de color mostaza.

   3. Hojas dísticas. Inflorescencia coloreada. Una placenta apical.

                                          17. Sphaeradenia killipii

   3. Hojas dispersas. Inflorescencia no coloreada. Cuatro placentas parietales.

    4. Espatas dispuestas inmediatamente debajo del espádice.

5. Terrestre. Receptáculo aplanado con anteras excluidas; 4–6 lóbulos del perianto desarrollados en un solo lado del receptáculo.

6. Láminas (42–) 60–80 cm. Inflorescencia 3–5 cm.
   13. Dicranopygium grandifolium

6. Láminas (19–) 25–40 cm. Inflorescencia 1.5–2.5 cm.

7. Lámina 30–40 cm. Inflorescencia 1.5–2.2 cm. Estigmas en la madurez sobrepasando los tépalos.   **14. Dicranopygium rheithrophilum**

7. Lámina (19–) 25–30 cm. Inflorescencia 2.2–2.5 cm. Estigmas en la madurez al nivel de los tépalos.   **15. Dicranopygium yacu-sisa**

5. Trepadora. Receptáculo infundibuliforme con anteras incluidas; 8–13 lóbulos del perianto desarrollados alrededor del receptáculo.   **16. Evodianthus funifer**

4. Espatas dispuestas cercana o lejanamente a lo largo del pedúnculo.

8. Flores femeninas libres entre sí; filamentos largos de 1–2 cm.   **18. Género indet.**

8. Flores femeninas connatas entre sí, hasta la mitad de su longitud; filamentos cortos 0.2–0.5 mm.

9. Hojas unicostatas. Flores masculinas simétricas con los lóbulos del perianto distribuidos alrededor del receptáculo, receptáculo infundibuliforme. Flores femeninas con apéndices externos carnosos.

10. Tallos ramificados. Lámina bífida 3/4–5/6 partes, segmentos con el ápice aristado. Tépalos 0.2–0.3 cm, connatos en la base; estilos connatos hasta la mitad de su longitud.   **6. Asplundia isabellina**

10. Tallos no ramificados. Lámina bífida 2/3 partes, segmentos con el ápice caudado. Tépalos 0.3–0.4(–0.5) cm, libres; estilos connatos en la base.
   10. Asplundia vagans

9. Hojas indistintamente subtricostatas o tricostatas. Flores masculinas asimétricas con los lóbulos del perianto distribuidos en un solo lado del receptáculo, receptáculo aplanado; sin apéndices externos carnosos.

11. Hojas partidas secundariamente en lóbulos o dientes regulares. Tépalos diminutamente lobados en el ápice.   **2. Asplundia dominguensis**

11. Hojas no partidas secundariamente, o si partidas secundariamente en partes irregulares. Tépalos enteros o bilobados en el ápice.

12. Hojas indistintamente subtricostatas. Espatas distribuidas cercanamente en el pedúnculo. Tépalos carnosos.   **3. Asplundia ecuadoriensis**

12. Hojas tricostatas. Espatas distribuidas lejanamente en el pedúnculo. Tépalos no carnosos.

13. Vaina, pecíolos y pedúnculos quebradizos y brillantes, color crema o mostaza; segmentos obovados.

14. Láminas bífidas 2/3–3/4 partes, con las costillas laterales cerca a la margen de la hoja.   **8. Asplundia peruviana**

14. Láminas bífidas 5/6 partes con las costillas laterales lejanas a la margen de la hoja.   **9. Asplundia truncata**

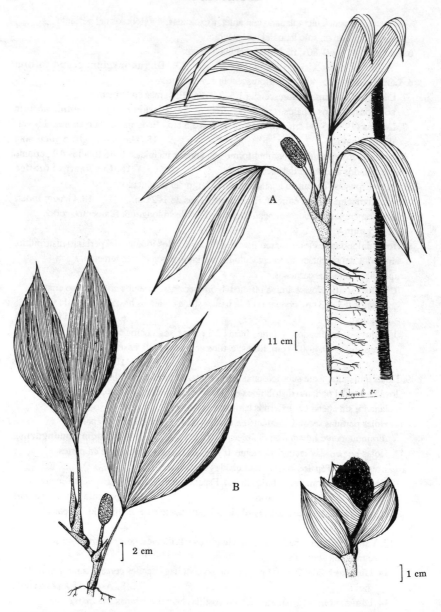

Figura 2. A. *Asplundia ecuadorensis*, hábito, y, B. *A. fagerlindii*, hábito e inflorescencia.

13. Vaina, pecíolos y pedúnculos no quebradizos ni brillantes, color verde; segmentos no obovados.
15. Terrestres; lámina (28–)35–45 cm, segmentos ampliamente trulados, costillas laterales lejanas a la margen de la hoja. **5. Asplundia goebelii**
15. Epífitas; láminas 65–100 cm, segmentos lanceolados a elípticos, costillas laterales cercanas a la margen de la hoja.
16. Flores femeninas con tépalos libres. Inflorescencia 4.5–7 cm.
7. Asplundia pastazana
16. Flores femeninas con tépalos connatos. Inflorescencia 8–9 cm.
17. Estilos libres; estigmas en la madurez sobrepasando los tépalos.
1. Asplundia cayapensis
17. Estilos connatos; estigmas en la madurez al mismo nivel que los tépalos o debajo de ellos. **4. Asplundia fagerlindii**

1. Asplundia cayapensis Harl., Fl. Ecuador 1: 22 (1973).– **Fig. 1A.**

Epífita, caulescente. Tallo 145 x 3 cm, no ramificado. Hojas; vaina 30–35 cm; pecíolo 30–75 x 0.6–1.2 cm; lámina 80–100 x 15–20 cm, bífida 3/4 partes, tricostata con las costillas laterales cerca de la margen; segmentos 10–15 cm de ancho, acuminados, lanceolados a elípticos. Inflorescencia en antesis 8 x 2 cm, en madurez 8.5–15 x 2.5–4.5 cm; 5 espatas de 8–25 x 5–8 cm, distribuidas en el pedúnculo, lanceoladas a elípticas, acuminadas; pedúnculo 15–20 x 0.6–0.7 cm. Flores masculinas; 40–45 estambres; filamentos 0.3–0.4 mm. Flores femeninas; 4(–5) tépalos, en antesis 0.1–0.2 x 0.2–0.3 cm, en madurez 0.7–1.1(–1.4) x 0.5–0.8 cm, connatos hasta la mitad de su longitud o más, subrectangulares; estilos libres; estigmas lanceolados, sobrepasando a los tépalos ligeramente uncidos.

2. Asplundia dominguensis Harl., Fl. Ecuador 1: 25 (1973).– **Fig. 1B.**

Epífita, caulescente. Tallo ca. 180 x 2.5–3.5 cm, no ramificado. Hojas; vaina 20–50 cm; pecíolo 55–75 x 0.5–1.2 cm; lámina 65–85 x 40–55 cm, bífida 1/2–3/4 partes, tricostata con las costillas laterales hacia la margen; segmentos 25–45 cm de ancho, partidos secundariamente en lóbulos o dientes regulares, obovados a elípticos. Inflorescencia en antesis 8–12 x 2.5–3 cm, en madurez 12–17 x (2.5–) 4.5–5 cm; 5–6 espatas de 7–20 x 4–8 cm, lejanamente distribuidas en el pedúnculo, lanceoladas a elípticas, acuminadas; pedúnculo 22–30 x 4–7 (–15) cm. Flores masculinas; 25–35 estambres, filamentos ca. 0.1 mm. Flores femeninas; (3–)4 tépalos en antesis 0.2–0.4 x 0.2–0.4 cm, en madurez 0.4–0.6 x 0.3–0.6 cm, connatos hasta cerca del ápice, subcuadráticos a rectangulares, diminutamente lobados; 4 placentas parietales; estilos libres; estigmas lanceolados, ligeramente uncinados, sobrepasando a los tépalos.

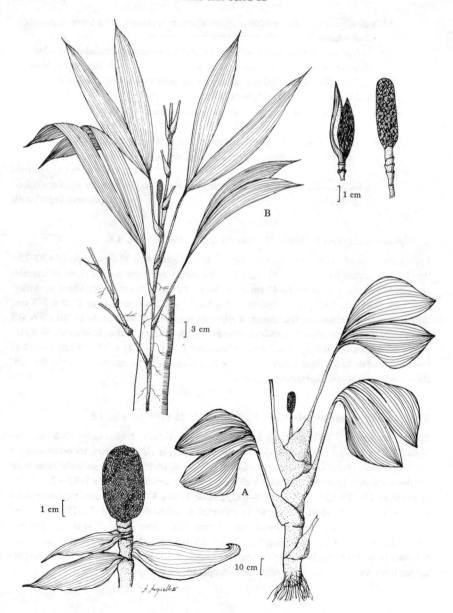

Figura 3. Hábito e inflorescencia de: A. *Asplundia goebelli*, y, B. *A. isabellina*.

Figura 4. Hábito de: A. *Asplundia pastazana*, y, B. *A. peruviana*.

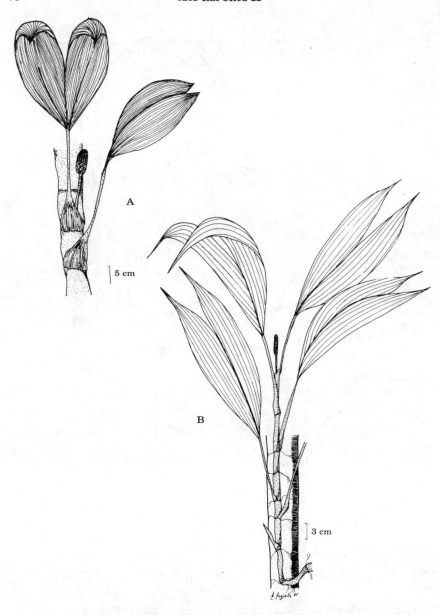

Figura 5. Hábito de: A. *Asplundia truncata*, y, B. *A.vagans*.

3. Asplundia ecuadoriensis (Harl.) Harl., Acta Hort. Berg. 17: 42 (1954).– **Fig. 2A.**

Trepadora, raramente terrestre, caulescente. Tallo ca. 450 x 0.4–1 cm, ramificado. Hojas; vaina 1.2–4.7(–6) cm; pecíolo 8–14 x 0.2–0.4 cm; lámina 25–30 x (0.7–)0.9–1.3 cm, bífida 1/3–2/3 partes, indistintamente subtricostata; segmentos 4.5–7 cm de ancho, fuertemente acuminados, ampliamente elípticos. Inflorescencia en antesis 3.2–3.5 x 1–1.5 cm, en madurez (2–)4.3–6.7 x (1–)2–2.8 cm; 4 espatas de 3.5–7 x 4–5.5 cm, distribuidas cercanamente en el pedúnculo, elípticas, acuminadas; pedúnculo (2.8–)3.7–5 x 0.3–0.5(–1.2) cm. Flores masculinas; (46–)50–60 estambres, filamentos 0.1–0.3 mm. Flores femeninas, 4 tépalos en antesis 0.1–0.2 x 0.2–0.3, en madurez 0.3–0.6 x (0.2–)0.4–0.8 cm, connatos en la base, triangulares a subcuadráticos, carnosos, agudos a truncados; 4 placentas parietales; estilos libres, estigmas lanceolados a oblongos, al mismo nivel de los tépalos.

4. Asplundia fagerlindii Harl., Acta Hort. Berg. 18: 247 (1958).– **Fig. 2B.**

Epífita, caulescente. Tallo 150–200 x ca. 2.5 cm, no ramificado. Hojas; vaina 13–20 cm; pecíolo 20–30(–65) x 0.5–1 cm; lámina 65–90 x (15–)20–30 cm, bífida (2/3–)3/4 partes, tricostata con las costillas laterales cerca a la margen; segmentos 15–25 cm de ancho, acuminados, lanceolados a elípticos. Inflorescencia en antesis 8–9 x 2.5–3.5 cm, en madurez 10–15 x 3.5–5 cm; espatas desconocidas, distinguiéndose 4–5 cicatrices en el pedúnculo; pedúnculo 10–25 x 0.6–0.9 cm. Flores masculinas desconocidas. Flores femeninas; 4 tépalos, en madurez 2–2.5 x 0.6–0.8 cm, connatos hasta cerca de la mitad de su longitud, rectangulares a oblongos, subobtusos; 4 placentas parietales; estilos connatos en la base; estigmas elípticos, al mismo nivel que los tépalos.

5. Asplundia goebelii (Wagn.) Harl., Acta. Hort. Berg. 17: 42 (1954).– **Fig. 3A.**

Terrestre, caulescente. Tallo 20–35(–130) x 1.5–2.5 cm, no ramificado. Hojas; vaina (8–)10–16(–20) cm; pecíolo (24–)30–45 x 0.3–0.5 cm; lámina (28–)35–45 x 25–35(–45) cm, bífida 2/3(–3/4) partes, tricostata con las costillas laterales lejos de la margen; segmentos 12–25 cm de ancho, agudo acuminados, ampliamente trulados. Inflorescencia en antesis 4–7 x 2–2.5 cm, en madurez 5–8 x 2.3–3.8 cm; 5 espatas de 8–15 x 1.5–5 cm, cercanamente distribuidas en el pedúnculo, lanceoladas a elípticas, acuminadas; pedúnculo 10–15 x 0.5–2 cm. Flores masculinas; 38–50 estambres, filamentos 0.2–0.4 mm. Flores femeninas; 4 tépalos, en antesis 0.5–0.7 x 0.3–0.4 cm, en madurez 0.8–0.9 x 0.4–0.8 cm, connatos en la base, subrectangulares a subcuadráticos, agudos; 4 placentas parietales, estilos connatos en la base, estigmas ampliamente oblongos, al mismo nivel que los tépalos.

Esta especie constituye un nuevo registro para el Ecuador.

6. Asplundia isabellina Harl., Acta Hort. Berg. 18: 173 (1958).– **Fig. 3B.**

Trepadora, caulescente. Tallo, 4–7.5 cm de diámetro, ramificado. Hojas; vaina 4–4.5; pecíolo

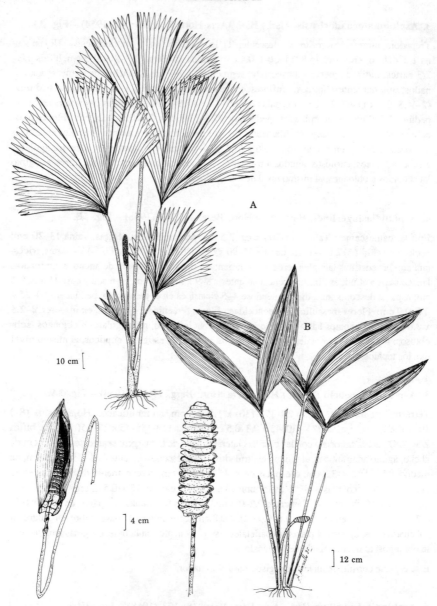

Figura 6. A. *Carludovica palmata*, hábito, y, B. *Cyclanthus bipartitus*, hábito e inflorescencia.

6.5–7.5 x 0.2–0.3 cm; lámina 25–30 x 1.8–4 cm, bífida 3/4–5/6 partes, unicostata; segmentos 3–4.8 cm de ancho, aristados, lanceolados a elípticos. Inflorescencia en antesis 3 x 1.2 cm, en madurez 4.5 x 1.4 cm; 4 espatas 4.5–6 x 1.3–4 cm, distribuidas cercanamente en el pedúnculo, lanceoladas a elípticas, acuminadas; pedúnculo ca. 6 x 0.3 cm. Flores masculinas; 40–50 estambres; filamentos 0.2–0.5 mm. Flores femeninas; 4 tépalos en antesis 0.6–1 x 0.1–0.2 cm, en madurez 0.2–0.3 x 0.3–0.5 cm, connatos en la base, triangulares, levemente acuminados a agudos; 4 placentas parietales; estilos connatos hasta la mitad de su longitud; estigmas lanceolados a oblongos, sobrepasando a los tépalos.

7. Asplundia pastazana Harl., Acta Hort. Berg. 18: 212 (1958).– **Fig. 4A.**

Epífita, caulescente. Tallo 30–200 x 1–3 cm, no ramificado. Hojas; vaina 11–17 cm; pecíolo 30–60 x 0.5–0.8 cm; lámina 65–80(–90) x 20–30 cm, bífida 2/3–3/4(–5/6) partes, tricostata con las costillas cercanas a la margen; segmentos 10–16 cm de ancho, acuminados a levemente aristados, lanceolados a elípticos. Inflorescencia en antesis 4.5–5 x 1.5–1.8 cm, en madurez 4.5–7 x 2–2.5 cm; 5 espatas 6–20 x 4–9 cm, lejanamente distribuidas en el pedúnculo, lanceoladas a elípticas, acuminadas; pedúnculo 12–20 x 0.3–0.5 cm. Flores masculinas; (15–)20–35 estambres; filamentos de 0.2–0.3 mm, Flores femeninas; 4 tépalos en antesis 0.1–0.2 x 0.1–0.2 cm, en madurez 0.3–0.5 x 0.3–0.5 cm, libres, rectangulares a oblongos, truncados a levemente ondeados; 4 placentas parietales; estilos connatos en la base; estigmas lanceolados a elípticos, sobrepasando a los tépalos, ligeramente uncinados.

8. Asplundia peruviana Harl., Acta Hort. Berg. 18: 190 (1958).– **Fig. 4B.**

Trepadora, raro terrestre caulescente. Tallo 1.5–3 cm de ancho, ramificado. Hojas; vaina 11–17 cm, quebradiza y brillante; pecíolo 45–50(–80) x 0.4–0.8 cm, quebradizo y brillante; lámina 50–55 x 9–18 cm, bífida 2/3–3/4 partes, tricostata con las costillas laterales cerca de la margen; segmentos 15–18 cm de ancho, acuminados, obovados. Inflorescencia en madurez 5.5–9 x 2–3 cm; espatas desconocidas, distinguiéndose 4–5 cicatrices en el pedúnculo 15–20 x 0.7–1.2 cm, quebradizo y brillante. Flores masculinas desconocidas. Flores femeninas, (3–)4 tépalos en madurez (0.2–)0.4–0.5 x 0.4–0.5 cm, connatos hasta la mitad de su longitud, subrectangulares a levemente triangulares; 4 placentas parietales; estilos libres; estigmas elípticos, sobrepasando a los tépalos o al mismo nivel.

9. Asplundia truncata Harl., Acta Hort. Berg. 18: 193 (1958).– **Fig. 5A.**

Terrestre, caulescente. Tallo ca. 125 x 1.5–2.5 cm, no ramificado. Hojas; vaina 15–20 cm, quebradiza y brillante; pecíolo ca. 60 x 0.4–0.5 cm, quebradizo y brillante; lámina ca. 42 x 8–9 cm, bífida 5/6 partes, tricostata con las costillas laterales lejos de la margen; segmentos 12–13 cm de ancho, acuminados, obovados. Inflorescencia en antesis ca. 4 x 2 cm; 4 espatas de 9–14 x 3.5–6 cm, distribuidas cercanamente en el pedúnculo, elípticas, acuminadas; pedúnculo 11 x

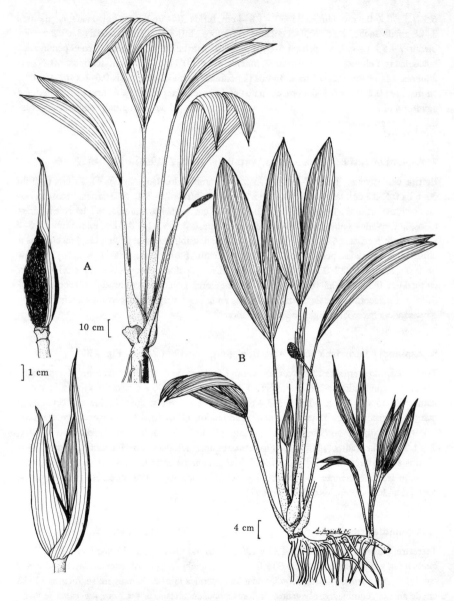

Figura 7. A. *Dicranopygium grandifolium*, hábito e inflorescencia, y, B. *D. rheitophilium*, hábito.

0.7 cm, quebradiza y brillante. Flores masculinas; 20–25 estambres; filamentos 0.2–0.3 mm.
Flores femeninas, 4 tépalos en antesis 0.2–0.3 x 0.2–0.3 cm, connatos en la base, rectangulares
a redondeados, obtusos; 4 placentas parietales; estilos connatos en la base; estigmas elípticos,
debajo de los tépalos.

10. Asplundia vagans Harl., Acta Hort. Berg. 18: 170 (1958).– **Fig. 5B.**

Trepadora, caulescente. Tallo 350 x 2.5–9 cm, no ramificado. Hojas; vaina 4.5 cm; pecíolo
9–12 x 0.2–0.4 cm; lámina ca. 40 x 2–4 cm, bífida 2/3 partes, unicostata; segmentos 4.7–5.3
cm, segmentos 4.7–5.3 cm de ancho, caudados, lanceolados, oblongos a elípticos. Inflorescencia en madurez 3–3.5 x 1–1.3 cm; espatas desconocidas, distinguiéndose 4 cicatrices en el
pedúnculo; pedúnculo 10 x 0.3 cm. Flores femeninas; 4 tépalos 0.3–0.4(–0.5) x 0.3–0.4 cm,
libres, rectangulares a triangulares, obtusos a agudos; 4 placentas parietales; estilos connatos en
la base; estigmas elípticos a oblongos, ligeramente sobrepasando los tépalos.

11. Carludovica palmata Ruiz & Pavón, Syst. Veg. 291 (1798).– **Fig. 6A.**

Terrestre, cespitosa, acaulescente. Hojas dispersas, flabeliformemente partidas; vaina 35–40
cm; pecíolo 100–350 x 0.6–1.2 cm, 3 o más veces más largo que la lámina; lámina 55–150 x
50–140 cm, partida 5/6–6/6 partes, tricostata; generalmente con 4 segmentos cuneados en el
ápice, regularmente lobados o dentados. Inflorescencia 9.5–15 x 1.2–2.7 cm; 3 espatas 10–15
x 4–5.5 cm, lanceoladas a elípticas, acuminadas, caducas, creciendo inmediatamente debajo del
espádice; pedúnculo 60–80 x 0.6–1.3 cm. Flores masculinas símetricas; receptáculo aplanado o
levemente cóncavo; lóbulos del perianto distribuidos alrededor del receptáculo; (30–)40–50 estambres, excluidos; filamentos 0.2–0.3 mm. Flores femeninas parcialmente connatas entre sí; 4
tépalos, en la antesis 1.5–2 x 2–3 mm, en la madurez 0.7–1 x (2.5–) 3.5–5 mm, connatos en la
base, triangulares a rectangulares, rotundos o aristados; 4 placentas parietales; estigmas sésiles
ovados o suborbiculares. Semillas anaranjadas, más o menos lisas.

12. Cyclanthus bipartitus Poit., Mém. Mus. Hist. Nat. 9: 36 (1822).– **Fig. 6B.**

Terrestre, acaulescente. Hojas dispersas, bipartidas; vaina (45–)55–75 cm; pecíolo (36–)65–
95(–120) x 0.9–1.1 cm; lámina (82–)115–120 cm, bífida hasta la base, bicostata con 1 costilla
central en cada segmento; segmentos 15–20 cm de ancho, agudos a acuminados, oblongo–
lanceolados. Inflorescencia compuesta de (20–)42–46 ciclos de flores femeninas y masculinas,
alternos, en antesis 7–10 x 1.8–3 cm, en madurez (8–)13–15 x 3.5–4.5 cm; 4 espatas 17–40 x
7–13 cm, distribuidas inmediamente debajo del espádice con intervalos cortos, caducas, lanceoladas a elípticas, acuminadas; pedúnculo 45–90 x 0.5–1 cm. Flores masculinas; numerosos estambres, filamentos 0.9–1 cm. Flores femeninas; perianto reducido; ovario en anillo con placentación parietal, estilos cortos connatos; estigmas entre dos anillos de lamelas estaminoidales.
Semillas escalariformemente esculptidas.

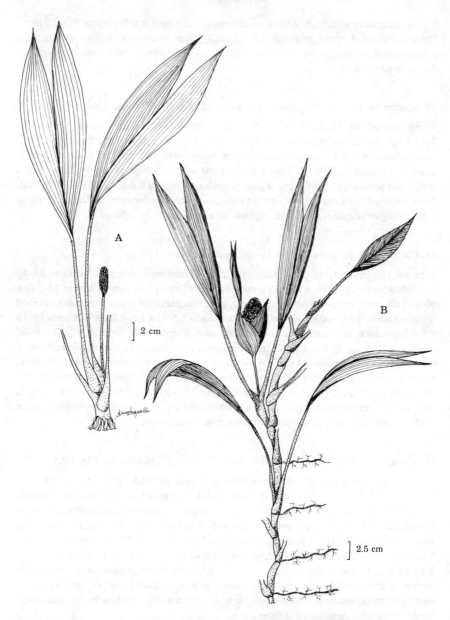

Figura 8. Hábito de: A. *Dicranopygium yacu-sisa*, y, B. *Evodianthus funifer*.

13. Dicranopygium grandifolium Harl., Acta Hort. Berg. 18: 291 (1958).– **Fig. 7A.**

Terrestre, caulescente. Tallo 10–30 x 2.3–2.5 cm. Hojas; vaina (8–)12–25 cm; pecíolo 45–65 x 0.4–0.7(–1.2) cm; lámina (42–)60–80 x 9–15(–26) cm, bífida 1/2–2/3 partes; segmentos 5–6 (–17) cm de ancho, acuminados a aristados, lanceolados a oblongos. Inflorescencia en antesis 2–3.2 x 1–1.5 cm, en madurez 3–5 x 1–1.5 cm; 4 espatas de 4–20 x 1.2–5 cm, lanceoladas, angostamente triangulares, acuminadas; pedúnculo (15–)25–35 x 0.3–0.5 cm. Flores masculinas; (17–)21–22(–27) estambres; filamentos 0.1–0.2 mm. Flores femeninas; tépalos en antesis 0.1–0.2 x 0.2–0.4 cm, en madurez 0.2–0.3 x 0.4–0.8 cm, libres, triangulares a rectangulares o agudos; estigmas lanceolados a rotundos, al mismo nivel que los tépalos.

14. Dicranopygium rheithrophilum (Harl.) Harl., Acta Hort. Berg. 17: 44 (1954).– **Fig. 7B.**

Terrestre, acaulescente o cortamente caulescente. Tallo 5–10 x 1–3 cm. Hojas; vaina 10–18 cm; pecíolo (12–)20–35 x 3–4 cm; lámina 30–40 x 3–5.5 cm, bífida 5/6 partes; segmentos 3.5–6 cm de ancho, lanceolados a elípticos, acuminados. Inflorescencia en antesis 1–1.5 x 0.5–0.7 cm, en madurez 1.5–2.2 x 0.8–1.5 cm; 3 espatas de 3–6.5 x 1.2–3.5 cm, elípticas, acuminadas; pedúnculo 10–16 x 0.3–0.4 cm. Flores masculinas; 20–30 estambres; filamentos 0.1–0.2 mm. Flores femeninas; tépalos en antesis 0.8–1.2 x 0.1–0.3 cm, en madurez 0.1–0.3 x 0.1–0.3 cm, libres, rectangulares; estigmas rectangulares sobrepasando a los tépalos.

15. Dicranopygium yacu–sisa Harl., Acta Hort. Berg. 18: 288 (1958).– **Fig. 8A.**

Terrestre, acaulescente, o cortamente caulescente. Tallo 3–8 x 1–3 cm. Hojas; vaina (4.5–) 8–20 cm; pecíolo (6.5–)10–22 x 0.2–0.3 cm lámina (19–)25–30 x (2.5–)5–6.5 cm, bífida (2/3–)3/4 partes; segmentos (2.5–)3.2–4 cm de ancho, acuminados a aristados, linear lanceolados. Inflorescencia en antesis 1.3–2 x 0.8–1 cm, en madurez 2.2–2.5 x 1–1.5 cm; 3 espatas de 3.5–6.5 x 1.5–3.5 cm, triangulares a ovadas, acuminadas a subcuspidadas; pedúnculo 8–16 x 0.3–0.4 cm. Flores masculinas; 15–32 estambres; filamentos 0.1–0.2 mm. Flores femeninas; tépalos en antesis 0.1–0.2 x 0.2–0.3 cm, en madurez 0.2–0.3 x 0.2–0.4 cm, libres oblongos a obovados, obtusos; ovario con estigmas subcuadráticos, al mismo nivel que los tépalos.

Esta especie constituye un registro nuevo para el Ecuador. Se encuentra generalmente en las márgenes del río, creciendo junto con *Dicranopygium rheithrophilum*.

16. Evodianthus funifer (Poit.) Lindm., Bih. Kongl. Svenska Vetensk. Akad. Handl. 26, Avd. 3, No. 8: 8 (1900).– **Fig. 8B.**

Trepadora, caulescente. Tallo 300 x 0.8–1.2 cm, ramificado. Hojas dispersas, bipartidas; vaina (6.5–)14–17 cm; pecíolo (3.5–)7–8 x 0.3–0.5 cm; lámina 35–50 x 4.5–9 cm, bífida 1/4–1/2 partes, unicostata; segmentos 2–5 cm de ancho, agudos, linear–lanceolados. Inflorescencia en antesis 2–2.5 x 1.5–2 cm, en madurez 5–7 x 2.–5.5 cm; 3 espatas de 5–17 x 2.5–5.5 cm, cre-

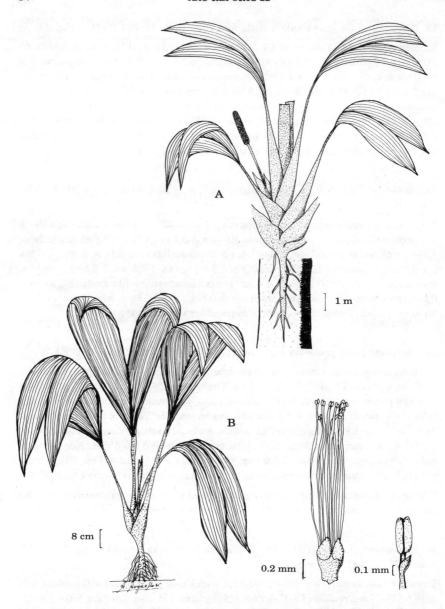

Figura 9. A. *Sphaeradenia killipii*, hábito, y, B. Género indet., hábito, flor masculina y estambres.

ciendo inmediatamente debajo del espádice, caducas, lanceoladas a elípticas, acuminadas; pedúnculo 13–20 x 0.2–0.3 cm. Flores masculinas, receptáculo infundibuliforme, lóbulos del perianto distribuidos alrededor del receptáculo; 10–15 estambres adnatos al perianto, incluidos; filamentos 0.1–0.2 mm. Flores femeninas parcialmente connatas entre sí; 4 tépalos en antesis 0.1–0.2 x 0.1–0.2 cm, en madurez 0.4–0.5 x 0.5–0.7 cm, libres, triangulares, agudos; 4 placentas parietales; estigmas subsésiles lanceolados, debajo de los tépalos. Semillas anaranjadas, más o menos lisas.

17. Sphaeradenia killipii (Standl.) Harl., Acta Hort. Berg. 17: 3 (1954).– **Fig. 9A.**

Epífita, caulescente. Tallos ca. 15 x 3–4.5 cm, no ramificados. Hojas dísticas, bipartidas; vaina 25–30(–50) cm, quebradiza; pecíolo 40–50 x 0.5–0.8 cm; lámina 90–120 x 15–30 cm, bífida 2/3–3/4 partes, unicostata; segmentos 10–15 cm de ancho, aristados, oblongos a lanceolados. Inflorescencia 7–10 x 1.5–1.8 cm; 3–4 espatas 10–15 x 3–4 cm, distribuidas cercanamente en el pedúnculo, deciduas, lanceoladas a elípticas, acuminadas; pedúnculo 15–20 x 3–4 cm. Flores femeninas, connatas hasta la mitad de su longitud; 4 tépalos, en la madurez 1.3–2 x 4–5 mm, libres, triangulares agudos o ligeramente bilobados; 1 placenta apical; 1 estilo, estigmas lanceolados a subtriangulares, ligeramente sobrepasando los tépalos. Semillas anaranjadas, más o menos lisas.

18. Género indet. sp. 1.– **Fig. 9B.**

Epífita o terrestre, caulescente. Tallo 120–150 x 1.5–3 cm, no ramificado. Hojas dispersas, bipartidas; vaina 13–15 cm; pecíolo 20–25 x 0.3–0.4 cm; lámina 65–70 x 14–18 cm, bífida las 2/3 partes, tricostata con las costillas laterales cercanas a la margen; segmentos 10–13 cm de ancho, aristados, lanceolados a levemente elípticos. Inflorescencia, en antesis 4–5 x 1.5–2 cm; 3–5 espatas, 9–18 x 2–5 cm, cercanamente distribuidas en el pedúnculo, caducas, lanceoladas a elípticas, acuminadas; pedúnculo ca. 5 x 11 cm. Flores masculinas asimétricas; 28–36 estambres, excluidos; filamentos 1–2 cm; receptáculo aplanado; lóbulos del perianto distribuidos en un solo lado del receptáculo. Flores femeninas separadas entre sí, libres; 4 tépalos, en antesis 0.8–1 x 0.2–0.3 cm, connatos hasta la mitad de su longitud, subrectangulares a subtriangulares, irregulares o ligeramente bilobados; 4 placentas parietales; estilo libres; estigmas lanceolados a elípticos, sobrepasando los tépalos, uncinados; estaminodios 3–4 cm, con tecas estériles. Semillas desconocidas.

Esta especie es notable por la longitud de los filamentos, pero es necesario revisar material maduro para conocer a que taxón pertenece. Se piensa que pertenece a un género aún no registrado en el Ecuador o a un género nuevo (Harling com. pers.), puesto que su descripción no coincide con los presentados en Harling (1958 y 1973), ni con *Dianthoveus cremophilus* Hammel & Wilder (Hammel y Wilder, 1989) un género y una especie recientemente descritos y encontrados también en la "Reserva ENDESA". Sin embargo, no se ha incluido *Dianthoveus cremophilus* en este trabajo debido al inaccesibilidad del material al momento.

Literatura citada

Chant, S. R. 1978. Cyclanthaceae *En* Flowering Plants of the World (ed. V. H. Heywood) — Oxford Univ. Press, London.

Hammel, B. E. & G. J. Wilder, 1989. *Dianthoveus*: A New Genus of Cyclanthaceae. — Ann. Missouri Bot. Gard. 76: 112–123.

Harling, G. 1958. Monograph of the Cyclanthaceae. — Acta Hort. Berg. 18: 1–428, pl.1–110.

Harling, G. 1973. Cyclanthaceae. *En* Flora of Ecuador (eds. G. Harling y B. Sparre) 1: 1–48.

6. Flacourtiaceae

Por **Jaime L. Jaramillo A.**

La familia Flacourtiaceae consta de 86 géneros y 800 especies, está ampliamente distribuida en las zonas tropicales, pero la mayor diversidad de géneros y especies se encuentra en las faldas orientales de los Andes de Venezuela, Colombia, Ecuador y Perú (Sleumer, 1980). En la "Flora Neotropica" se reportan 30 géneros (Sleumer, 1980) y de ellos 17 se registran en el Ecuador: *Abatia, Banara, Carpotroche, Casearia, Hasseltia, Lacistema, Laetia, Lindackeria, Lozania, Lunania, Mayna, Neosprucea, Pineda, Pleuranthodendron, Ryania, Tetrathylacium* y *Xylosma*.

En la "Reserva ENDESA" se encontraron 4 géneros cada uno con 1 especie, aunque es muy probable que existan más especies del género *Casearia*.

FLACOURTIACEAE

Árboles o arbustos; pelos simples, raramente estrellados. Hojas alternas, frecuentemente dísticas, raramente opuestas; estípulas normalmente presentes, a menudo caducas; pecíolo frecuentemente engrosado en la base y/o en el ápice; lámina glandularmente crenada o aserrada, a menudo entera, a veces con 2 glándulas basales. Inflorescencia terminal o subterminal o más frecuentemente axilar, a veces cauliflora; brácteas y bracteolas en forma de escamas. Flores simétricas, bisexuales o unisexuales (dioicas); receptáculo hipo- a perígino; (2–)3–6 sépalos, normalmente persistentes, imbricados o valvados, a veces fusionados en la base; (0–)3–8 pétalos, imbricados o valvados, libres; nectarios extra- o intrastaminales, conectados con el receptáculo; 1–∞ estambres, hipóginos o raramente casi períginos, a veces en grupos epipétalos alternando con los nectarios, raramente fusionados en un tubo; ovario súpero, raramente semiínfero, unilocular; 2–9 carpelos; 1–∞ óvulos, libres o fusionados; 2 o más óvulos sobre cada placenta. Fruto carnoso o seco indehiscente, a veces cápsula o drupa; semillas con arilo, raramente pubescentes.

CLAVE PARA LOS TAXONES
1. Flores pequeñas, menos de 1.5 cm de diámetro. Hojas penninervadas.
  2. Inflorescencia terminal o subterminal. Margen de la lámina aserrada.

1. Banara guianensis

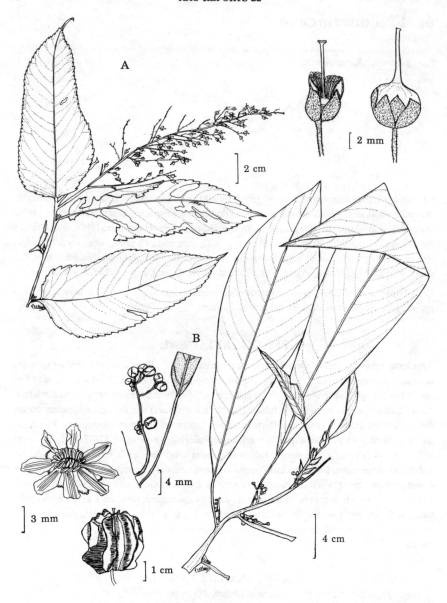

Figura 1. A. *Banara guianensis*, hábito, flor y fruto, y, B. *Carpotroche platyptera*, fruto, flor, inflorescencia y hábito.

2. Inflorescencia axilar. Margen de la lámina entera.
3. Hojas grandes, más de 20 cm. Fruto alado.   **2. Carpotroche platyptera**
3. Hojas pequeñas, menos de 10 cm. Fruto triangular, no alado.   **3. Casearia** spp.
1. Flores grandes, 2.5 cm de diámetro. Hojas trinervadas.   **4. Neosprucea pedicellata**

1. Banara guianensis Aubl., Pl. Guiane. Fr. 1: 548 t.217 (1775).– **Fig. 1.**

Arbusto o pequeño árbol de 2–4 m; corteza suave, verdosa; ramas subcilíndricas, tomentosas, numerosas lenticelas blanquecinas. Hojas; estípulas hasta 4 mm, subuladas o estrechamente triangulares, tomentosas raramente caducas; pecíolo 5 mm, densamente pubescente, acanalado; lámina (7.5–)13–24.5 x (2.5–)4.5–8 cm, oblonga a ligeramente obovada, ápice acuminado, base atenuado-truncada, margen aserrada a ligeramente crenada. Flores blancas o amarillentas; 3(–4) sépalos, ovados, densamente tomentosos, ápice agudo a ligeramente acuminado; 3(–4) pétalos, ovados, ápice redondeado; ovario 3 mm, ovoide. Fruto bacado, ovoide a subgloboso.

2. Carpotroche platyptera Pittier, Contr. U.S. Natl. Herb. 12: 189 pl.19 & f.15–16 (1909).– **Fig. 2.**

Arbusto o árbol pequeño, hasta 5 m, ramas delgadas. Hojas; estípulas 2 x 0.5 cm, triangulares a lanceoladas; pecíolo (2–)6(–9.7) cm, engrosado; lámina 28–47(–65) x 7.6–13.8 (–20) cm, obovada o obovada-elíptica, ápice ligeramente cuspidado-acuminado, raro obtuso, base cuneada-atenuada, más o menos obtusa. Flores dioicas. Flores masculinas en fascículos axilares, subsésiles; pedicelos 3.5 mm, pubescentes; 2 sépalos 3–6 x 5 mm, ovados, cóncavos; 4–6(–9) pétalos, 7 x 1.8–3 mm, oblongo-clípticos; 13 28 estambres; filamentos 4 mm, pubescentes; anteras 2–3 mm, pubescentes. Flores femeninas solitarias y axilares; sépalos como en flores masculinas; 8–9 pétalos, 1.5 cm, elípticos-obovados; ovario ovoide, indumento corto y denso; 4–5 estilos, cortos. Fruto subgloboso.

3. Casearia Jacq., Enum. Pl. Car. 4: 21 (1760).– **Fig. 3.**

Arbustos o árboles. Hojas alternas; estípulas presentes; pecíolo presente; lámina penninervada, entera o glandularmente crenada o aserrada. Inflorescencia un fascículo o un glomérulo, axilar, sésil o pedicelado. Flores bisexuales, pequeñas; sépalos (4–)5(–9), connatos en la base, imbricados, subpersistentes; pétalos 0; estambres (5–)6–10(–22), más o menos períginos, uniseriados; filamentos libres o raramente adnados al disco; anteras globosas a ovoides; disco lobulado, normalmente 3 placentas parietales; estigmas capitados. Fruto capsular, seco a suculento, frecuentemente triangular; semillas numerosas, glabras o pubescentes.

Se piensa que hay más de una especie de *Casearia* en la "Reserva ENDESA", por lo que, con este criterio, se presenta aquí una descripción del género, esperando que sea más útil que la descripción de la única especie hasta ahora encontrada y aún no identificada.

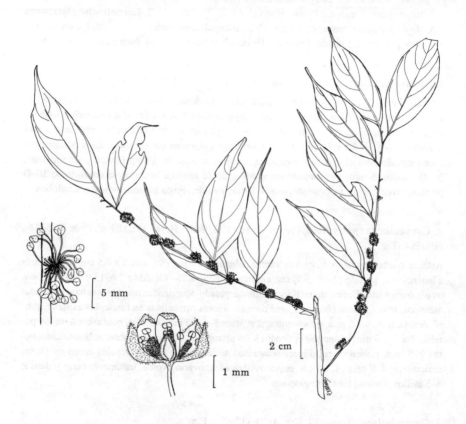

Figura 3. *Casearia* sp., hábito, inflorescencia y flor .

4. Neosprucea pedicellata Little, J. Wash. Acad. Sci. 38: 104 f.13 (1948).– **Fig. 4.**

Árbol de 6–10 m. Tronco hasta 20 cm de diámetro. Hojas; pecíolo 1.5–2.4 cm, pubescentes; lámina (6.5–)10–14.5(–16.5) x (3.5–)5.5–7(–9.5) cm, elíptica, glabra excepto los nervios, ápice acuminado-rostrado, base ligeramente redondeada, margen aserrada, nervación prominente en el envés. Inflorescencia axilar, racimo de 3–5 flores; pedicelos 0.5–3 cm. Flores; receptáculo densamente pubescente; 4–5 sépalos de 0.5–1.4 x 0.3–0.9 cm, ovados, subacuminados, engrosados, amarillento-verdosos; 4–5 pétalos, ligeramente más delgados y estrechos que los sépalos. Fruto no visto.

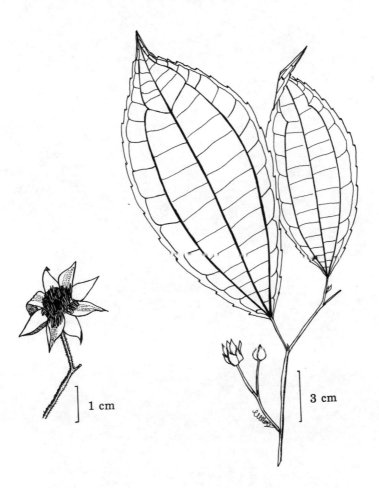

Figura 4. *Neosprucea pedicellata*, hábito y flor.

Literatura citada

Sleumer, H. O. 1980. Flacourtiaceae, *En* Flora Neotropica 22: 1–499.

7. Heliconiaceae

Por **Carmen Ulloa U.**

La familia Heliconiaceae consta de un solo género *Heliconia*. Se le conoce como la familia de los "platanillos" por su hábito semejante al del "Plátano" (*Musa* spp.). Ha estado incluida dentro de Musaceae, pero se la separa en su propia familia por características tales como las hojas dísticas, las brácteas cimbiformes, las flores reunidas en cincinios, un sépalo parcialmente libre y el fruto una drupa.

HELICONIACEAE

Hierbas de mediano tamaño a gigantes, rizomatosas. Hojas dísticas; vaina basal abierta; pecíolo largo; lámina simple, elíptico-oblonga, ápice acuminado, base atenuada desigual a los dos lados de la nervadura central; pseudotallo formado por la sobreposición de las vainas de las hojas. Inflorescencia terminal, espiciforme, con pedúnculo, erguida o pendiente; brácteas cimbiformes y quilladas, cincinales dísticas o dispuestas en pseudoespiral, de colores conspicuos y un cincinio comprimido de flores axilar en cada bráctea; bracteola floral sosteniendo cada una de las flores. Flores; perianto formando un tubo recto, sigmoide o parabólico, el tubo cerrado en la base, quedando entonces un sépalo libre, curvado en la antesis, y 3 pétalos con 2 sépalos adnados formando un tubo abierto a lo largo de los pétalos laterales; 5 estambres, filiformes, un estaminodio pequeño opuesto al sépalo libre e inserto en el tope del tubo del perianto; ovario ínfero, trilocular, de placentación axial–basal y un óvulo en cada lóculo; estilo filiforme, estigma lobulado. Fruto una drupa azul con 1–3 pirenos.

Heliconia contiene aproximadamente 150 especies, es un género principalmente neotropical con pocas especies en el sureste de Asia. En el Ecuador se encuentran 44 especies (Andersson, 1985), 6 de ellas se registran en el área de la "Reserva ENDESA".

CLAVE PARA LAS ESPECIES

1. Inflorescencia pendiente.
   2. Perianto barbado en el ápice. Inflorescencia villosa; brácteas rosadas. **4. H. regalis**
   2. Perianto villoso o glabro, no barbado. Inflorescencia pubescente a glabra, no villosa; brácteas anaranjadas y/o rojas.

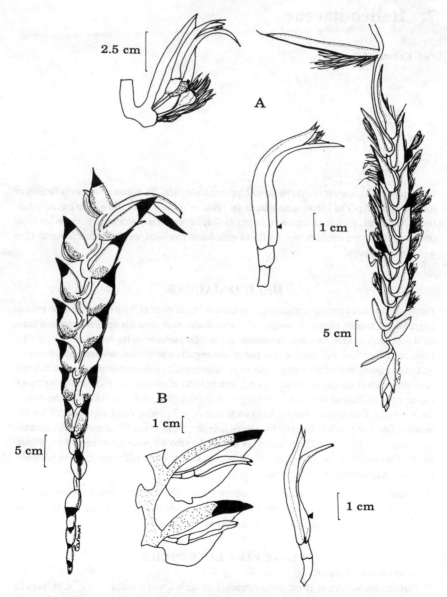

Figura 1. Inflorescencia, posición de la flor dentro de la bráctea, flor indicando el punto de inserción del estaminodio de: A. *Heliconia harlingii*, y, B. *H. nigripraefixa*.

3. Bracteolas deshaciéndose en fibras; brácteas rojo–anaranjadas; raquis amarillo.

1. H. harlingii

3. Bracteolas enteras; brácteas rojas; raquis rojo.

4. Brácteas externamente pubescentes con el ápice negro. Perianto amarillo.

2. H. nigripraefixa

4. Brácteas externamente glabras, completamente rojas. Perianto amarillo con verde.

3. H. obscuroides

1. Inflorescencia erguida.

5. Brácteas separadas, dispuestas en pseudoespiral. Perianto amarillo.

5. H. spathocircinata

5. Brácteas imbricadas, dísticas. Perianto blanco con verde.   **6. H. stricta**

1. Heliconia harlingii L. Andersson, Fl. Ecuador, 22: 66, f.10B & 12C, pl.4 (1985).– **Fig. 1A.**

Hierba 3–5 m; lámina 77–225 x 29–40 cm. Inflorescencia 40–100 cm, pendiente; raquis amarillo, puberulento; 15–36 brácteas dísticas, ápice, márgenes y costados rojo–anaranjados, base amarilla; bracteolas florales deshaciéndose en fibras, amarillentas. Perianto 4 l–5 l mm, parabólico, amarillo, puberulento en el ápice a glabro en la base; sépalo libre no curvado en la antesis; estaminodio 9–10 mm; ovario 7–11 mm, blanco, glabro. Drupa 13.5–15 x 9–12 mm.

Las bracteolas florales deshaciéndose en fibras son la característica más conspicua en esta especie. Es frecuente en las márgenes de la reserva y raramente se encuentra dentro del bosque primario.

2. Heliconia nigripraefixa Dodson & Gentry, Selbyana 2: 296, f.2C (1978).– **Fig. 2A.**

Hierba 4–5 m; lámina 85–375 x 21–50 cm. Inflorescencia hasta 136 cm, pendiente; raquis rojo oscuro, pubescente; 11–30 brácteas dísticas, rojo oscuras con el ápice negro, puberulentas; bracteolas florales blancas. Perianto 34–44 mm moderadamente sigmoide, amarillo, glabro; sépalo libre curvado en la antesis; estaminodio 4.5–5.5 mm; ovario 9–12.5 mm, blanco, glabro. Drupa 13–16 x 8–11.5 mm.

Es frecuente en las márgenes de la reserva y ocasionalmente dentro del bosque primario. Se caracteriza por el ápice negro de 1/4–1/3 de la longitud de la bráctea.

3. Heliconia obscuroides L. Andersson, Fl. Ecuador 22: 71, f.11B & 12E (1985).– **Fig. 2B.**

Hierba 2–3 m; lámina 81–116 x 16–35 cm. Inflorescencia 35–46 cm, pendiente; raquis rojo oscuro, glabro; 5–12 brácteas dísticas a dispuestas en pseudoespiral, rojo oscuras, glabras; bracteola floral blanca. Perianto 36–40 mm, sigmoide, amarillo con las márgenes verdes; sépalo libre curvado en la antesis; estaminodio 12–15 mm; ovario 4–5 mm, blanco, glabro. Drupa 7–10 x

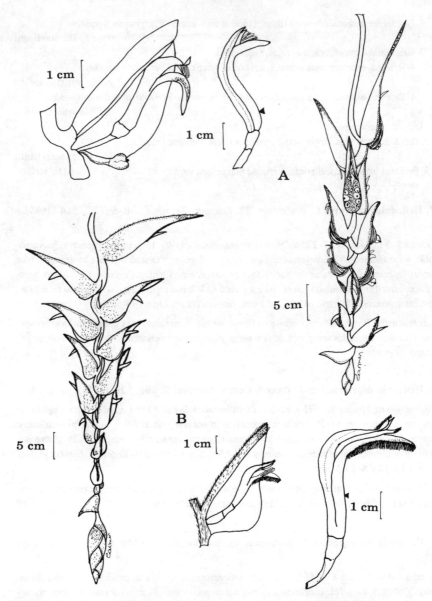

Figura 2. Inflorescencia, posición de la flor dentro de la bráctea, flor indicando el punto de inserción del estaminodio de: A. *Heliconia obscuroides*, y, B. *H. regalis*.

9.5–12 mm.

Se caracteriza por las brácteas completamente rojas, aunque ya maduras empiezan a necrosarse en las márgenes. Se encuentra cerca del río y riachuelos en el bosque primario y en áreas secundarias.

4. Heliconia regalis L. Andersson, Fl. Ecuador, 22: 52, f.6C & 7F, pl.3 (1985).– **Fig. 1A.**

Hierba 4–5 m; lámina 148–214 x 55–70 cm. Inflorescencia hasta 160 cm, pendiente, villosa con indumento café–rojizo; raquis rosado, villoso; 10–30 brácteas dísticas, rosadas carmín, villosas; bracteolas florales rosadas. Perianto 33–51 mm, parabólico, amarillo con la base rosada, densamente barbado en el ápice, glabro hacia la base; sépalo libre no curvado en la antesis; estaminodio 6.5–7.5 mm; ovario 7–10 mm, lila, glabro. Drupa 12 x 8 mm.

Esta especie se caracteriza por el conspicuo indumento y por el perianto barbado en el ápice. Es frecuente en las márgenes de la reserva y raramente se encuentra dentro del bosque primario.

5. Heliconia spathocircinata Aristeguieta, Bol. Soc. Venezol. Cienc. Nat. 22:18 (1961) – **Fig. 3A.**

Hierba 1.5–2 m; lámina 53–72 x 11–25 cm. Inflorescencia 16–27 cm, erguida; raquis amarillo-verdoso, glabro o puberulento; 3–7 brácteas dispuestas en pseudoespiral, ápice y márgenes rojos, base y costados amarillos, glabras con las márgenes puberulentas; bractéolas florales amarillentas. Perianto 53–59 mm, recto, amarillo, glabro con las márgenes aracnoideas; sépalo libre curvado y enrollado hacia afuera en la antesis; estaminodio 9.5–11 mm; ovario 4.5–7 mm, glabro. Drupa 8.7–11 x 6.3–9.4 mm.

Esta especie se caracteriza por tener los ápices de las brácteas reflexos. Se encuentra dentro del bosque primario en grupos pequeños.

6. Heliconia stricta Huber, Bol. Museu Goeldi Hist. Nat. Ethnogr. 4: 543 (1906).– **Fig. 3B.**

Hierba 1.5 m; lámina 40–72 x 14–25 cm. Inflorescencia 15–22 cm, erguida; raquis amarillo, glabro; 3–5 brácteas dísticas, ápice y márgenes verdes, costados amarillos con una mancha rosada a anaranjada en el centro y hacia la base; bracteolas florales blancas. Perianto 45–51 mm, recto, blanco en la base y en la punta del ápice, verde en la mitad hacia el ápice, villoso a glabro en las márgenes; sépalo libre ligeramente curvado en la antesis; estaminodio 10–15 mm; ovario 5–8.5 mm, blanco, glabro. Drupa 13 x 8 mm.

Se encuentra dentro del bosque primario en grupos pequeños y ocasionalmente en áreas secundarias. Se caracteriza por las brácteas imbricadas y el perianto blanco con una porción verde cerca del ápice.

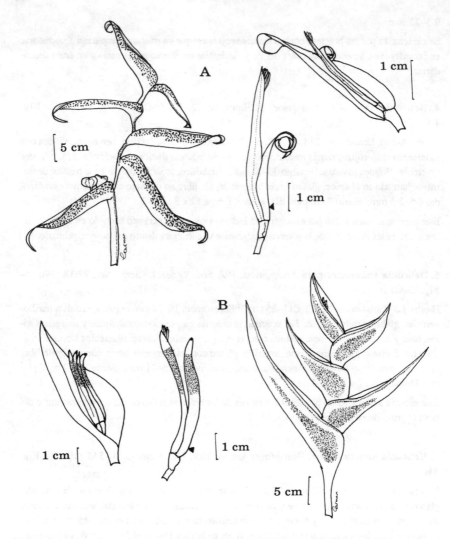

Figura 3. Inflorescencia, posición de la flor dentro de la bráctea, flor indicando el punto de inserción del estaminodio de: A. *Heliconia spathocircinata*, y, B. *H. stricta*.

Literatura citada

Andersson, L. 1985. 221. Musaceae, *En* Flora of Ecuador (eds. G. Harling y B. Sparre) 22: 1–86.

8. Marantaceae

Por **Carmen Ulloa U.**

La familia Marantaceae tiene una distribución pantropical con su mayor diversidad en el neotrópico. Consta de 32 géneros y 500 especies la mayoría del género *Calathea* (300 especies). En el Ecuador esta familia está representada por 9 géneros y alrededor de 95 especies; los géneros más grandes son *Calathea* con 64 especies e *Ischnosiphon* con 11–14 (Kennedy *et al.*, 1988). En el área de la "Reserva ENDESA" se encuentran *Calathea* con 10 especies e *Ischnosiphon* con una especie; ambos géneros son neotropicales. Varias especies son ornamentales por la vistosa coloración de las hojas, otras con hojas grandes se utilizan localmente para envolturas y techado de las viviendas.

MARANTACEAE

Hierbas pequeñas a gigantes, rizomatosas, acaulescentes o con tallo. Hojas dísticas con vaina basal abierta, pecíolo constando de dos porciones: el pulvínulo en la porción apical y el pecíolo propio. Inflorescencia básicamente un tirso surgiendo directamente del rizoma o uno a varios tirsos axilares en la vaina de una hoja asociada; brácteas dispuestas en espiral o dísticas, cada una sosteniendo una cima de flores. Flores; cáliz con 3 sépalos libres; corola con 3 pétalos unidos en la base formando un tubo; androceo en el verticilo externo con 1 ó 2 estaminodios petaloides (raramente ausentes), en el verticlo interno 1 estambre fértil, 1 estaminodio calloso con una protuberancia carnosa (el callo) y en forma de capucha 1 estaminodio cuculado; ovario ínfero trilocular o apareciendo unilocular con 2 lóculos colapsados, placentación basal y 1 óvulo por lóculo; estilo circinado con el orificio estigmático apical. Fruto cápsula con 1 a 3 semillas ariladas.

Los dos géneros representados en la "Reserva ENDESA" se reconoce fácilmente por la forma de la inflorescencia y el número de óvulos en el ovario.

CLAVE PARA LAS ESPECIES

1. Ovario uniovulado. Inflorescencia peniciliforme.   **11. Ischnosiphon inflatus**
1. Ovario triovulado. Inflorescencia espiciforme o capitiforme.
  2. Lámina con haz variegado (al menos en hojas juveniles).
    3. Haz de la lámina verde claro con conspicuas manchas verde oscuras a los lados de la nervadura central, contorneadas de blanco, envés café-rojizo a morado.
                                         7. Calathea metallica

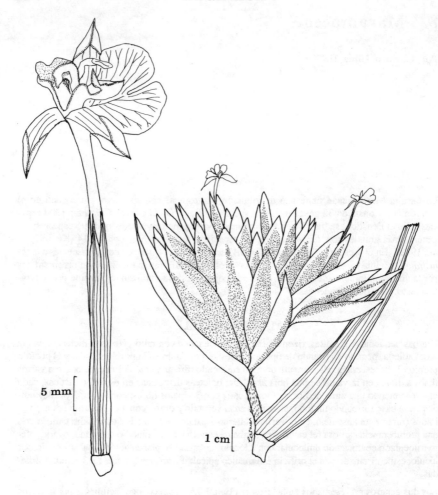

Figura 1. *Calathea congesta*, flor e inflorescencia.

3. Haz de la lámina (en hojas juveniles) verde con rayas blancas paralelas a las venas
    laterales, envés verde.   **9. Calathea multicincta**
2. Lámina con haz verde.
  4. Envés de la lámina con una capa cerosa blanca.   **5. Calathea lutea**
  4. Envés de la lámina sin capa cerosa blanca.
    5. Brácteas dísticas; inflorescencia comprimida lateralmente.   **2. Calathea crotalifera**
    5. Brácteas dispuestas en espiral; inflorescencia no comprimida.

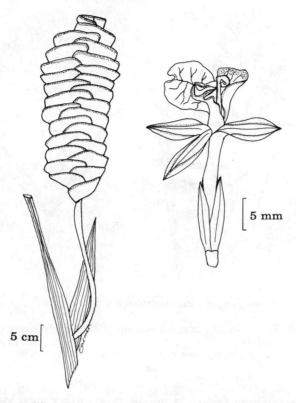

Figura 2. *Calathea crotalifera*, inflorescencia y flor.

6. Brácteas rápidamente deshaciéndose en fibras. Corola anaranjado-dorada.

4. Calathea inocephala

6. Brácteas enteras. Corola no anaranjada.

7. Tirsos de menos de 2 cm de largo; plantas pequeñas.   **8. Calathea micans**

7. Tirsos de más de 5 cm de largo; plantas grandes.

8. Lámina muy estrechamente elíptica, envés gris-verdoso velutino. Brácteas villosas.

10. Calathea tinalandia

8. Lámina amplia, envés verde, no velutino. Brácteas pubescentes o glabras, no villosas.

9. Brácteas reniformes, más anchas que largas.   **6. Calathea marantifolia**

9. Brácteas ovadas, más largas que anchas.

10. Brácteas verdes. Estaminodio calloso amarillo. Tirsos de más de 18 cm de largo.

3. Calathea guzmanioides

10. Brácteas volviéndose café-rojizas. Estaminodio calloso amarillo con el ápice morado. Tirsos de menos de 18 cm.

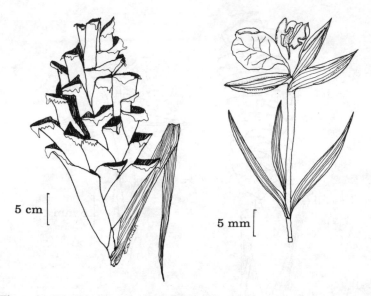

5 cm

5 mm

Figura 3. *Calathea guzmanioides*, inflorescencia y flor.

11. Un solo tirso por brote, pedunculado; brácteas membranáceas, muriendo
rápidamente.   **9. Calathea multicincta**
11. Varios tirsos por brote, subsésiles; brácteas coriáceas persistentes.
                                                                        1. Calathea congesta

1. Calathea congesta Kennedy, Fl. Ecuador 32: 40 f.3C–E (1988).– **Fig. 1.**

Hierba 1–2 m; lámina 20–40 x 22.5–30 cm, muy anchamente ovada, haz y envés verdes; pulvínulo 3.2–4.5 cm, café oscuro, glabro o puberulento. Inflorescencia 4–20 tirsos por brote,
5–6.5 x 1.5–5.5 cm, elípticos a ovoides; brácteas en espiral ovadas a elíptico–ovadas, verdes
volviéndose café–rojizas, cobrizas, márgenes pubescentes. Flores; sépalos 28–36 x 2.5–4 mm,
amarillos; tubo de la corola 38–43 mm, amarillo; lóbulos de la corola 13.5–17 x 4–7 mm, lilas;
estaminodio externo 16–20 x 11–16 mm, amarillo claro; estaminodio calloso, carnoso, amari-
llento con el ápice morado; estaminodio cuculado amarillo; ovario 3–4.5 mm, amarillo. Fruto
11–16 x 5–7 mm.

Es la única especie con inflorescencia basal, de tirsos compactos entre sí, con frecuencia parcialmente enterrada. Se encuentra formando grupos en las márgenes del río. No es frecuente en
áreas secundarias.

2. Calathea crotalifera Watson, Proc. Amer. Acad. 24: 86 (1889).– **Fig. 2.**

Hierba de 1–3 m; lámina 70–95 x 38–54 cm, ovada a elíptico–ovada, haz y envés verdes; pulvínulo 11–17 cm, verde, glabro. Inflorescencia 1–3 tirsos por brote, 16–25 x 5.5–7 cm, ob-

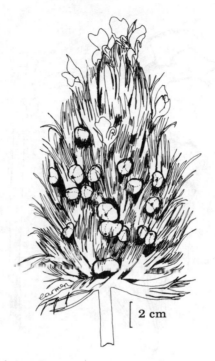

Figura 4. *Calathea inocephala*, inflorescencia.

longos, comprimidos lateralmente; brácteas en espiral muy anchas, reniformes, con el ápice mucronado, verde-amarillentas, glabras. Flores; sépalos 10.5–11.5 x 2.5–3.5 mm, verdosos; tubo de la corola 17–20 mm, amarillo-anaranjado; lóbulos de la corola 10–12 x 3.5–5 mm, amarillos; estaminodio externo 8–11.5 x 5–6.5 mm, anaranjado; estaminodio calloso petaloide en el ápice, anaranjado; estaminodio cuculado anaranjado; ovario 2.5 mm. Fruto 9.5–12.5 x 3–7.5 mm.

Es la única especie con brácteas en dos hileras e inflorescencia comprimida. Se encuentra frecuentemente en áreas secundarias y a lo largo de los caminos y no es común dentro del bosque primario.

3. Calathea guzmanioides L. B. Smith & Hidrobo, Caldasia 5: 47 (1948).– **Fig. 3.**

Hierba 1.5–3 m; lámina 105–123 x 39–45 cm, ovada, haz y envés verde oscuros; pulvínulo 7.6–10.5 cm, verde claro a escasamente pubescente. Inflorescencia un tirso por brote, 25–33 x 10–13 cm, ovoide; brácteas en espiral, angostamente ovadas u oblongas con el ápice redondeado ligeramente doblado hacia afuera, verde oscuras, escasamente puberulentas. Flores amarillas; sépalos 25 x 35 mm; tubo de la corola 25 mm; lóbulos de la corola 17–20 x 10 mm; estaminodio externo 20 x 10 mm; estaminodio calloso petaloide; estaminodio cuculado amarillo. Fruto 10–12 x 7–10.5 mm, verde.

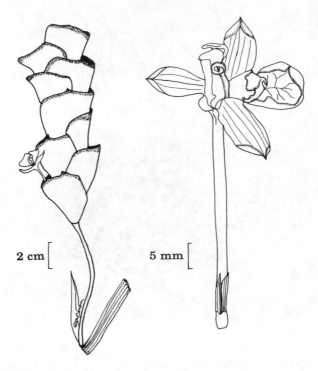

2 cm ⎡   5 mm ⎡

Figura 5. *Calathea lutea*, inflorescencia y flor.

Inflorescencia bastante grande en relación al resto de las especies del grupo. Se encuentra ocasionalmente dentro de la reserva, pero es más frecuente en áreas secundarias.

4. Calathea inocephala (O. Kuntze) Kennedy & Nicolson, Ann. Missouri Bot. Gard. 62: 501 (1975).– **Fig. 4.**

Hierba de 2–3 m, lámina 50–120 x 19–55 cm, elíptica a ovada, haz y envés verdes; pulvínulo 9–23 cm, verde, glabro. Inflorescencia un tirso por brote, 7–17 x 7–11 cm, ovoide; brácteas en espiral, ovadas a elípticas, rápidamente deshaciéndose en fibras persistentes, amarillentas. Flores; sépalos 21–28 x 5–6.5 mm, anaranjado claros, tubo de la corola 24–32 mm, anaranjado dorado brillante; lóbulos de la corola 17–26 x 7–10 mm, dorado anaranjados, brillantes; estaminodio externo 15–22 x 11–13 mm, dorado anaranjado; estaminodio calloso con margen delgada, petaloide, amarillo anaranjado; estaminodio cuculado dorado anaranjado. Fruto 16–20 x 14–17 mm.

La coloración dorado-anaranjada de las flores y las brácteas deshaciéndose en fibras son características muy conspicuas en esta especie. Se encuentra en zonas secundarias. Las inflorescencias encontradas se han caraterizado por tener las brácteas en descomposición con abundante agua, insectos muertos y un olor putrefacto.

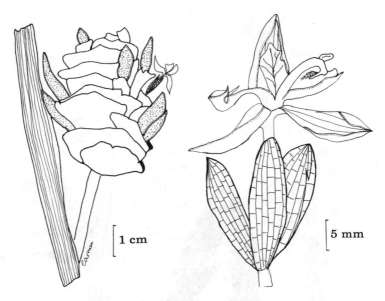

Figura 6. *Calathea marantifolia*, inflorescencia y flor.

5. Calathea lutea (Aubl.) J. A. Schultes, Mantissa Syst. Veg. 1: 8 (1822).– **Fig. 5.**

Hierba 2–3 m; lámina 63–92 x 39–55 cm, anchamente elíptica a redondeada, haz verde claro, envés verde cubierto de una conspicua capa cerosa blanca; pulvínulo 10–20 cm, verde claro, glabro. Inflorescencia 1–7 tirsos por brote, 15–23 x 4.5–7 cm, angostamente oblongos; brácteas en espiral, muy anchamente obovadas con el ápice mucronado, costados verdes y márgenes rojos, cobrizas, puberulentas. Flores; sépalos 6–8 x 2–4 mm, amarillos; tubo de la corola 25–31 mm, amarillo; lóbulos de la corola 15–20 x 6–8 mm, morados; estaminodio externo 12–18 x 11–14 mm, amarillo claro; estaminodio calloso carnoso, amarillo claro; estaminodio cuculado amarillo claro; ovario 2–3 mm, rosado. Fruto 11.5–25 x 7.5–8.5 mm, anaranjado.

Se caracteriza por la conspicua capa cerosa blanca que cubre el envés de la lámina. Frecuente en áreas secundarias, asociada con nidos de hormigas en las raíces.

6. Calathea marantifolia Standl., J. Washington Acad. Sci. 17: 250 (1927).– **Fig. 6.**

Hierba 1–2 m; lámina 44–63 x 20–38 cm, ovada, haz y envés verdes; pulvínulo 2.2–7.2 cm, verde con manchas moradas, glabro. Inflorescencia un tirso por brote, 4.7–8 x 3.5–5 cm, ovoide; brácteas muy anchas, reniformes con el ápice mucronado, verde claras, pubescentes. Flores; sépalos 27–29 x 7–10 mm, amarillos claros; tubo de la corola 27–29 mm; lóbulos de la corola 18–20 x 9.5–11 mm; estaminodio calloso carnoso, amarillo claro; estaminodio cuculado amarillo claro; ovario 2.5 mm, blanco. Fruto 9–11 x 5–8 cm.

La inflorescencia ovoide con las brácteas reniformes muy anchas caracterizan esta especie en el área. Frecuente dentro de la reserva.

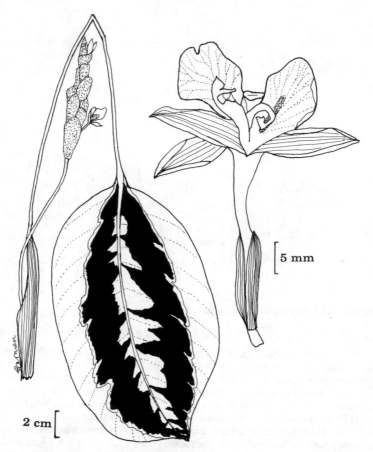

5 mm

2 cm

Figura 7. *Calathea metallica*, hábito con inflorescencia y flor.

7. Calathea metallica Planch. & Lind., Linden Cat. 10: 2 (1855).– **Fig. 7.**

Hierba de ca. 0.6 m; lámina 20.5–26 x 10–12.3 cm, anchamente elíptica, haz verde claro con manchas verde oscuras continuas a los dos lados de la nervadura central, contorneadas de blanco, envés café-rojizo a morado, con las márgenes verdes; pulvínulo 3.4–4 cm, café oscuro, pubescente. Inflorescencia un tirso estrechamente elíptico, 7.4–11 x 1–2 cm; brácteas en espiral, obovadas con el ápice hendido, morado oscuras, tomentosas. Flores; sépalos 12–14 x 2–3.5 mm, verde claros; tubo de la corola 28–30 mm, rosado; lóbulos de la corola 15–18 x 4.5–6 mm, rosados; estaminodio externo 17.5–19 x 8–10 mm, blanco con el ápice morado; estaminodio calloso petaloide apicalmente, blanco con ápice morado; estaminodio cuculado lila; ovario 1.5–3 mm, blanco. Cápsula 11–12 x 6.5–7 mm.

Se caracteriza por el patrón de coloración del haz y del envés y las brácteas moradas. Se en-

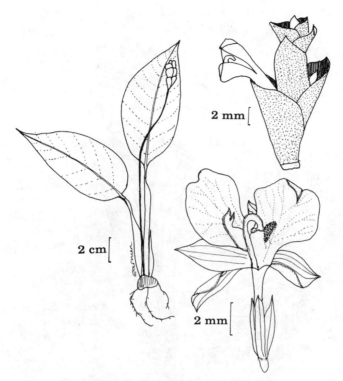

Figura 8. *Calathea micans*, hábito, inflorescencia y flor.

cuentra ocasionalmente dentro de la reserva. Es frecuente en áreas recientemente disturbadas y está cultivada en la zona como ornamental.

8. Calathea micans (Mathieu) Koern., Gartenflora 7: 87 (1858).– **Fig. 8.**

Hierba de 0.3–0.5 m; lámina 9.2–14.7 x 3.5–5 cm, ovada a oblongo elíptica, haz y envés verdes; pulvínulo 0.8–1.2 cm, verde, densamente puberulento. Inflorescencia un tirso por brote, 1.1–1.9 x 0.7–1.2 cm elíptico; brácteas en espiral, muy anchamente ovadas con el ápice acuminado, verdes, densamente puberulentas. Flores; sépalos 6–8 x 1.5–2 mm, verdosos; tubo de la corola 7–9 mm, blanco; lóbulos de la corola 6–8 x 2.5–3 mm, blancos; estaminodio externo 6.5–8 x 4.5–6 mm, blanco, a veces con una mancha lila en el centro; estaminodio calloso petaloide, blanco; estaminodio cuculado blanco; ovario 1–2 mm, blanco. Fruto 6 x 4 mm.

Es la especie más pequeña del grupo y se encuentra formando grupos dentro de la reserva.

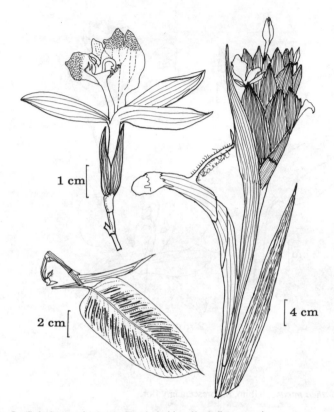

Figura 9. *Calathea multicincta*, flor, hoja júvenil e inflorescencia.

9. Calathea multicincta Kennedy, Canadian J. Bot. 64: 1323 (1986).– **Fig. 9.**

Hierba de 0.8–1.5 m; lámina 34–51 x 15.5–22.3 cm, ovada, haz y envés verdes, en hojas juveniles el haz verde con franjas blancas muy delgadas paralelas a las venas secundarias; pulvínulo 5.3–7.8 mm, verde, escasamente pubescente. Inflorescencia un tirso simple surgiendo del rizoma, 9–12 x 3.5–6 cm, elíptico-oblongo; brácteas en espiral, ovadas a angostamente elípticas, ápice agudo o acuminado, verdes volviéndose café-rojizas, puberulentas. Flores; sépalos 20–24 x 5–6.5 mm, amarillo claros; tubo de la corola 24–29 cm, amarillo claro; estaminodio externo 22–28 x 10.5–13.5 mm, amarillo con el ápice morado; estaminodio calloso apicalmente petaloide, amarillo con el ápice morado; estaminodio cuculado amarillo; ovario 2.5–3.5 mm, amarillo. Fruto 12–16.4 x 5–11 mm.

Esta especie tiene un especial patrón de variegación en el haz de las hojas en estado juvenil, con franjas delgadas blancas volviéndose completamente verdes en estado adulto. Se encuentra dentro de la reserva.

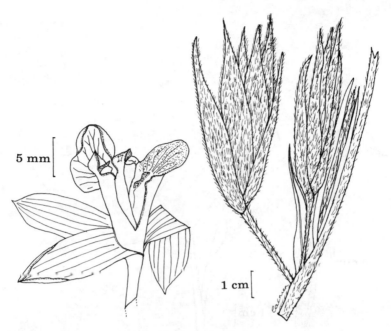

Figura 10. *Calathea tinalandia*, flor e inflorescencia.

10. Calathea tinalandia Kennedy, Canadian J. Bot. 63: 1141 f.1 (1985).– **Fig. 10.**

Hierba 1–1.5 m; lámina 23.5–40 x 4–6.8 cm, muy angostamente elíptica, haz verde oliva, envés gris-verdoso; pulvínulo 0.4–0.8 cm, verde oscuro, densamente pubescente. Inflorescencia 1–4 tirsos por brote, 5.7–8 x 0.8–2.9 cm, obovados a elípticos; brácteas en espiral, ovadas a obovadas con el ápice acuminado o agudo, verde oscuras, villosas. Flores; sépalos 14.5 x 3 mm, verdosos; tubo de la corola 37 mm, blanco; lóbulos de la corola 15–17.5 x 6 mm, blancos; estaminodio externo 15 x 9 mm, blanco con el ápice morado; estaminodio calloso apicalmente petaloide, morado en la base y blanco en el ápice; estaminodio cuculado blanco. Fruto no visto.

Se caracteriza por la lámina sumamente estrecha con el envés grisáceo y las brácteas velutinas; los tallos presentan raices aéreas. Se encuentra en las márgenes del río y de los riachuelos dentro de la reserva.

11. Ischnosiphon inflatus L. Andersson, Opera Bot. 43: 34 (1977).– **Fig. 11.**

Hierba caulescente de 1–4 m; tallo 30–150 cm; lámina 15.5–39 x 8.6–20.8 cm, ovada a anchamente ovada; pulvínulo 0.7–4.6 cm, verde oscuro. Inflorescencia 1–2 tirsos por brote, 13.4–30 x 0.5– 1 cm, peniciliformes; brácteas muy imbricadas, verdes con una capa cerosa blanca, puberulentas. Flores; sépalos 21–27 x 1.5–3 mm, amarillos; tubo de la corola 38 mm, amarillo; lóbulos de la corola 15–19 x 4–6 mm, amarillos; estaminodio externo 18–22 x 8–11.5 mm,

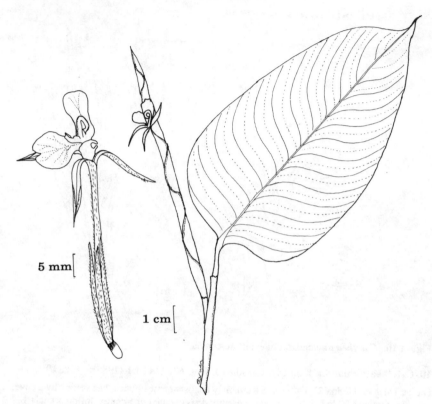

Figura 11. *Ischnosiphon inflatus*, flor y hábito.

amarillo; estaminodio calloso petaloide, amarillo; ovario 3–4.5 mm, blanco. Cápsula 22–30 x 4.5–6.5 mm.

Se distingue por su delgada inflorescencia con brácteas muy imbricadas. Frecuente dentro de la reserva.

Literatura citada

Kennedy, H., L. Andersson y M. Hagberg. 1988. 223. Marantaceae *En* Flora of Ecuador, (eds. G. Harling y L. Andersson) 32: 11–191.

9. Melastomataceae

Por Nancy Betancourt U.

La familia Melastomataceae se distribuye principalmente en la región tropical y en menor escala en la región subtropical. Está representada por alrededor de 200 géneros y 4.500 especies. En el Ecuador se han registrado 33 géneros y 500 especies (Wurdack, 1980). En la "Reserva ENDESA" se encontraron 13 géneros y 30 especies de Melastomataceae, incluyendo 6 nuevos registros para el Ecuador: el género *Pilocosta* y las especies *Conostegia setosa, Ossaea bracteata, Ossaea robusta, Topobea* aff. *caudata, Blakea* sp. y *Miconia* sp. Las dos especies de *Blakea* y *Miconia* probablemente no han sido descritas anteriormente, y, la identificación de las muestras de *Topobea* aff. *caudata* y *Ossaea robusta* es insegura, por lo que están siendo estudiadas por el Dr. J. J. Wurdack (US).

MELASTOMATACEAE A. L. de Jussieu 1789.

Árboles, arbustos, a veces lianas y epífitas, raramente hierbas. Tallo cuadrangular o terete y comúnmente con tricomas. Hojas simples generalmente enteras, decusadas; comúnmente con 3–9 venas principales palmadas o subpalmadas, a veces con formicarios. Inflorescencia terminal o lateral, paniculada, cimosa o con flores solitarias. Flores bisexuales, actinomorfas o zigomorfas, períginas o epíginas; hipantio presente; cáliz comúnmente abierto en el botón, lóbulos valvados; 4–6 pétalos, libres; estambres generalmente en dos verticilos, a veces pleiostémonos, a menudo dimorfos, al menos en tamaño, los filamentos generalmente inflexos en el botón y geniculados en la antesis, conectivo frecuentemente prolongado bajo las tecas y generalmente formando variados apéndices dorsales y/o ventrales; (1–)∞ óvulos en cada lóculo, placentación axilar. Fruto cápsula loculicida o baya; semillas numerosas.

CLAVE PARA LAS ESPECIES

1. Fruto capsular; ovario súpero.
   2. Trepadora leñosa. Conectivos prolongados dorsalmente.   **3. Adelobotrys adscendens**
   2. Planta erecta. Conectivos prolongados ventralmente o no prolongados.
      3. Flor pentámera.
         4. Ovario trilocular. Fruto triquetro.

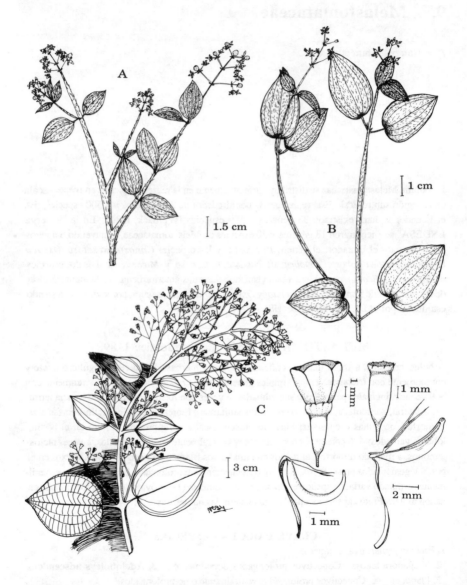

Figura 1. A. *Aciotis levyana,* hábito; B. *A. polystachya,* hábito, y, C. *Adelobotrys adscendens,* hábito, flor, hipantio y cáliz, estambre externo y estambre central del semicírculo formado por el androceo.

5. Acaulescente. Antera con un apéndice ventral.   **20. Monolena primulaeflora**
5. Caulescente. Antera con 2–3 apéndices ventrales.
6. Hojas esencialmente isomorfas, las pequeñas con pecíolos de 1.2–5 cm.
    29. Triolena barbeyana
6. Hojas marcadamente dimorfas, las pequeñas sésiles.   **30. Triolena pedemontana**
4. Ovario pentalocular. Fruto esférico.   **27. Tibouchina longifolia**
3. Flor tetrámera.
7. Ovario bilocular.
8. Tricomas de las hojas simples. Pétalos con una seta apical glandular y haz glabro; ápice del ovario glabro.   **1. Aciotis levyana**
8. Tricomas de las hojas glandulares. Pétalos con una seta apical glandular y haz con tricomas glandulares; ápice del ovario glandular puberulento.   **2. Aciotis polystachya**
7. Ovario tetralocular.   **26. Pilocosta cf. nana**
1. Fruto bacado; ovario total o parcialmente ínfero.
9. Inflorescencia terminal.
10. Pétalos con el ápice agudo o acuminado.
11. Apéndice del conectivo eglandular. Fruto terete.   **14. Leandra granatensis**
11. Márgenes del apéndice del conectivo glandulares. Fruto 8–10 costato.
12. Flores sostenidas por bracteolas de 4–6 x 4–6 mm.   **21. Ossaea bracteata**
12. Flores sin bracteolas o con bracteolas de 0.2–1.5 mm.
13. Inflorescencia pseudoaxilar.   **25. Ossaea robusta**
13. Inflorescencia terminal.
14. Ramas y hojas jóvenes densamente cubiertas de pelos finos y suaves; hojas con nervios basales.   **23. Ossaea macrophylla**
14. Ramas y hojas jóvenes con tricomas simples o estrellados; hojas plinervias.
15. Vénulas del envés de las hojas densamente reticuladas (0.2–0.4 mm); cáliz lobado y con una seta infra-apical; 2 poros dorso–apicales.   **24. Ossaea micrantha**
15. Vénulas del envés de las hojas láxamente reticuladas (2–3 mm); cáliz irregular; un poro dorso-apical.   **22. Ossaea laxivenula**
10. Pétalos con el ápice redondeado o retuso.
16. Flores pleiostémonas; cáliz caliptrado, grueso, circuncísil cerca del receptáculo en la antesis.
17. Sin formicarios; tricomas estrellados, sésiles.
18. Botones maduros de 6–11 mm; pétalos de 7.5–10 x 8 mm.
    11. Conostegia centronioides var. centronioides
18. Botones maduros de 4–5 mm; pétalos de 6 x 2 mm.   **12. Conostegia montana**
17. Con formicarios en la base de la hoja; tricomas simples.   **13. Conostegia setosa**
16. Flores no pleiostémonas; cáliz regularmente lobado o truncado.
19. Trepadora leñosa.

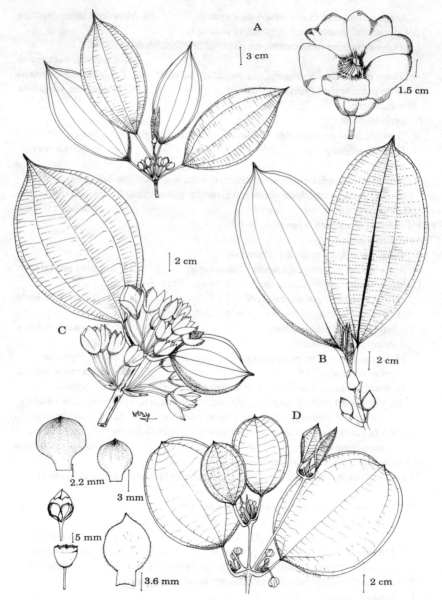

Figura 2. A. *Blakea eriocalix,* hábito y flor; B. *B. involvens,* hábito; C. *B. subconnata,* hábito; y, D. *B.* sp., hábito, bráctea interna y externa, botón, hipantio y cáliz, y, pétalo.

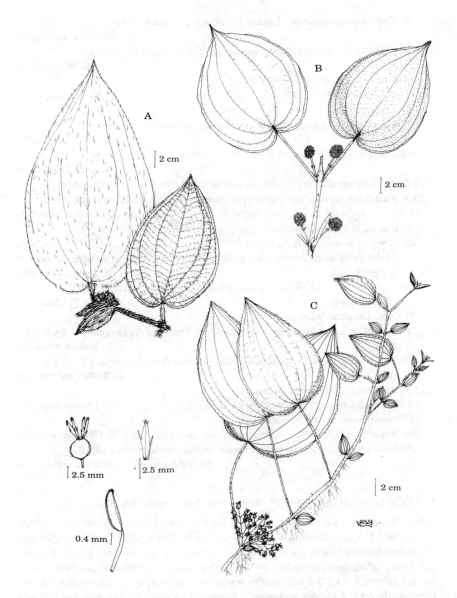

Figura 3. Hábito de: A. *Clidemia acostae,* y B. *C. discolor*; C. *C. epiphytica* var.
epiphytica: hipantio y cáliz, sépalo, estambre y hábito.

20. Con escamas estrelladas. Lámina 5.6–14 cm. Estigma 5-lobado.

18. Miconia loreyoides

20. Tricomas lepidoto-estrellados. Lamina 23–27 cm. Estigma expandido.

19. Miconia sp.

19. Árboles pequeños o arbustos erectos.

21. Pubescentes. Flor 1–1.5 cm de longitud; ovario 5-locular.   **16. Miconia explicita**

21. Glabras. Flor 2–6 mm de longitud; ovario 2–3-locular.

22. Hoja oblongo-elíptica; bracteolas deciduas. Pétalos 3.1–3.2 x 1.4–1.5 mm.

17. Miconia gracilis

22. Hoja ovada o elíptica; sin bracteolas. Pétalos de 1–1.4 x 0.7–1 mm.

15. Miconia brevitheca

9. Inflorescencia lateral, bilateral o flores solitarias en las axilas de las hojas superiores.

23. Flor hexámera; hipantio cercanamente cubierto por dos pares de brácteas persistentes.

24. Tecas 1/5–1/4 tan anchas como largas, poro dorsal apical.   **28. Topobea** aff. **caudata**

24. Tecas 1/2–2/3 tan anchas como largas, poros ventrales separados.

25. Conectivo prolongado dorsalmente.

26. Nudos de las ramas jóvenes con membranas deciduas. Tricomas simples. Pétalos con márgenes lisos.   **4. Blakea eriocalyx**

26. Nudos de las ramas jóvenes sin membranas. Tricomas subclavado-barbados. Pétalos ciliados.   **7. Blakea** sp.

25. Conectivo sin apéndices.

27. Lámina de la hoja decurrente en el pecíolo. Brácteas florales externas 3–4.8 x 2.9–3 cm.   **5. Blakea involvens**

27. Solamente el pecíolo vaginado, 3–5 mm. Brácteas florales externas 1.9–2.8 x 2–2.2 cm.   **6. Blakea subconnata**

23. Flor tetrámera o pentámera; sin brácteas.

28. Flor pentámera. Formicarios en la base de la hoja.   **8. Clidemia acostae**

28. Flor tetrámera. Formicarios ausentes.

29. Erecta; hojas isomorfas. Inflorescencia panícula comprimida.   **9. Clidemia discolor**

29. Trepadora; hojas marcadamente dimorfas. Inflorescencia panícula amplia.

10. Clidemia epiphytica var. **epiphytica**

1. Aciotis levyana Cogn., Mart. Fl. Bras. 14(3): 460 (1885).– **Fig. 1A.**

Arbusto 30–60 cm. Tallo cuadrangular, alas 0.5–1 mm, ligeramente estrigoso. Hojas isomorfas; pecíolo 0.1–2.5 cm; lámina 4.4–9.5 x 2–5 cm, ovada-elíptica, base redondeada, ápice agudo, margen aserrado-ciliado, 5 nervios principales, haz estrigoso, envés estriguloso, tricomas 0.5–3 mm. Inflorescencia paniculada, 4–10 cm. Flor; hipantio con tricomas glandulares; 4 sépalos; 4 pétalos, 2–4 x 1.5–2 mm, blancos o rosados, glabros, ápice agudo, seta 0.3–0.6 mm; estambres dimorfos, 4 grandes en el verticilo externo y 4 pequeños en el interno; ovario súpero, bicarpelar, bilocular. Fruto capsular, 2–3 mm; semillas 0.3–0.4 mm.

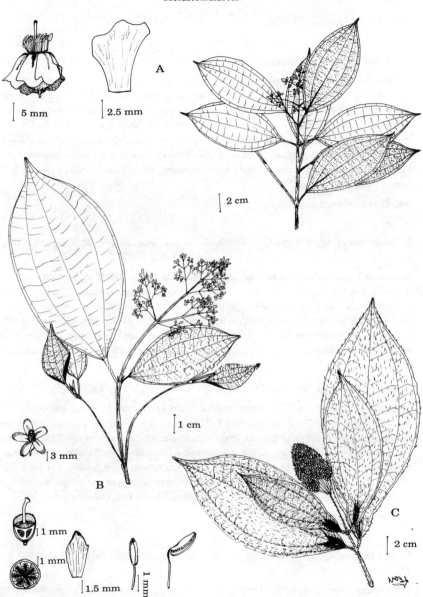

Figura 4. A. *Conostegia centronioides* var. *centronioides,* hábito y flor; B. *C. montana,* hábito, gineceo, pétalo, flor, corte transversal del ovario y estambres; y, C. *C. setosa,* hábito.

Recolectada en áreas secundarias.

2. Aciotis polystachya (Bonpl.) Triana, Trans. Linn. Soc. Bot. 28: 52 (1871).– **Fig. 1B.**

Arbusto 40–60 cm. Tallo cuadrangular, rojizo, alas 0.3–0.4 mm, setuloso, tricomas glandulares 0.5–0.8 mm. Hojas isomorfas, rojizas; estípulas presentes; pecíolo 0.2–2 cm; lámina 2.8–5 x 1.2–3.8 cm, ovada, base cordada, ápice agudo, margen aserrado-ciliado, 7 nervios principales, setulosa, tricomas glandulares. Inflorescencia panícula terminal, 4–10 cm. Flor perígina; hipantio con tricomas glandulares; 4 sépalos, seta glandular apical; 4 pétalos, 2.4–4.1 x 0.8–1 mm, rosados, tricomas glandulares, elípticos; estambres dimorfos, 4 pequeños en el verticilo externo y 4 grandes en el interno; ovario bicarpelar, bilocular. Fruto capsular, 2–2.5 mm; semillas 0.3 mm.

Recolectada en áreas secundarias.

3. Adelobotrys adscendens (Sw.)Triana., Linn. Soc. Bot. 28: 67, pl. 5, fig. 56 (1871).– **Fig. 1C.**

Trepadora leñosa. Tallo, joven cuadrangular, maduro terete. Hojas ligeramente dimorfas; pecíolo 0.8–8 cm, lámina 7–22 x 5–16, obovadas, base cordada o atenuada, ápice cuspidado, margen ciliada, 7 nervios principales ligeramente plinervios, cuando jóvenes estrigosas y en la madurez glabras. Inflorescencia panícula terminal o lateral, 6–21 cm. Flor pentámera; pétalos 1.2 x 1 cm, blancos o rosados; 10 estambres dimorfos, apéndice bífido dorso-basal, poro dorso-apical; ovario súpero, 5 locular. Fruto capsular, 7–9 mm; semillas 1.8–2 mm, lanceoladas.

4. Blakea eriocalyx Wurdack, Phytologia 43: 344 (1979).– **Fig. 2A.**

Trepadora arbustiva 5–7 m. Tallo terete, glabro. Hojas ligeramente dimorfas; estípulas interpeciolares triangulares 0.7–1.3 cm; pecíolo 1.8–5 cm; láminas 14.5–25 x 8–13 cm, elípticas, base atenuada, margen distalmente dentada, ápice aristado o caudado, 7 nervios principales, haz glabro, envés setoso. Inflorescencia, flores solitarias; 4 brácteas. Flores; hipantio terete, setoso con tricomas dendríticos; 6 sépalos, envés setuloso, haz tomentoso; 6 pétalos, 3–3.3 x 2.1–2.8 cm, blancos; 12 estambres, apéndice 2–3 mm, dorso-basal agudo; ovario ínfero, bilocular; estigma no expandido. Fruto baya, 1.6–1.7 cm; semillas 1.5–1.8 mm, ovoide-piramidales.

Recolectada al borde de los ríos.

5. Blakea involvens Markgraf, Notizbl. Bot. Gart. Berlin–Dahlem 14: 33 (1938).– **Fig. 2B.**

Trepadora arbustiva 2–4 m. Tallo terete, glabro. Hojas ligeramente dimorfas; pecíolo 2–5 cm, alado, alas 0.4–1 cm; lámina 14–26.5 x 7–12.5 cm, elíptica o ampliamente elíptica, base atenuada o redondeada, margen distalmente dentada, ápice mucronado, 5–7 nervios principales, 2 mm

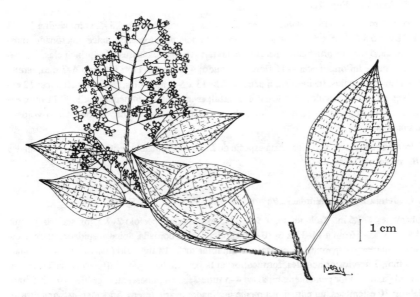

1 cm

Figura 5. *Leandra granatensis*; hábito.

entre nervios secundarios. Inflorescencia, flores solitarias; 4 brácteas. Flores; hipantio 8–12 mm, terete, glabro; 6 sépalos; 6 pétalos, 1.5–3.2 x 2–3 cm, blancos; 12 estambres; ovario ínfero; estilo puberulento; estigma capitado. Fruto, baya, 2 cm; semillas 1.3–1.5 mm, ovoide-piramidales.

Recolectada en áreas secundarias.

6. Blakea subconnata Berg ex Triana, Trans. Linn. Soc. Bot. 28: 148 (1871).– **Fig. 2C.**

Trepadora arbustiva 2–3 m. Tallo cuadrangular, glabro. Hojas ligeramente dimorfas; pecíolo 1.5–4.5 cm, alado, alas 1–3 mm; lámina 14–30 x 7–18.5 cm, obovada o elíptica, base atenuada, ápice caudado, margen ligeramente aserrada, 7 nervios principales ligeramente poculados en la base, venas secundarias perpendiculares a las primarias, separadas 1–2 mm. Inflorescencia 8–10 flores por nudo; 4 bracteolas. Flor; hipantio 5–6 mm, glabro; 6 sépalos, fusionados; 6 pétalos, 1.4–3 x 1.4–2 cm, blancos o rosados; 12 estambres, fusionados en un medio anillo; ovario ínfero, 6-locular; estigma capitado. Fruto 1–1.3 cm, baya; semillas 0.9–1.2 mm, ovoide-piramidales.

Recolectada en áreas secundarias y en los bordes del río de la reserva.

7. Blakea sp.– **Fig. 2D.**

Árbol 5–6 m. Tallo terete, glabro. Hojas dimorfas; pecíolo 2–4 cm ó 3–5.5 cm; lámina 13–25 x 9–18 cm ó 8.5–16.5 x 5–16 cm, ampliamente elíptica, base truncada, ápice mucronado, margen entera, 5 nervios principales, nervios secundarios perpendiculares a los principales, separados 2–9 mm. Inflorescencia 4–16 flores por nudo; 4 brácteas. Flor; hipantio 4–7 mm, terete, pubescente; 6 sépalos, fusionados; 6 pétalos, 7.5–13 x 5–9 mm, lilas, margenes ciliados; 12 estambres en un semicírculo, apéndice dorso-basal; ovario ínfero, 6-locular; estilo 6–11 mm; estigma no expandido. Fruto 6–7 mm, baya; semillas 1–1.1 mm, numerosas, ovoideopiramidales.

Colectada en áreas secundarias. Esta especie de *Blakea* es probablemente nueva, con afinidades a *B. campii* y *B. oldemanii*.

8. Clidemia acostae Wurdack, Phytologia 38: 299 (1978).– **Fig. 3A.**

Subfrútices 1–1.5 m. Tallo terete, seríceo. Hojas dimorfas; pecíolo 2–7.5 cm, seríceo; lámina 14.5–29 x 6.5–16 cm u 11–15 x 6–10 cm, elípticas, base cordada, ápice cuspidado, margen ciliada, indumento esparcido en el haz con tricomas de 7–13 mm, envés seríceo con tricomas 5–15 mm, 7 nervios principales, formicarios en la base de las hojas. Inflorescencia 2–2.5 cm, panícula axilar. Flor pentámera; hipantio 4–5 mm; sépalos pubescentes; pétalos 10 x 3.5 mm, glabros; 10 estambres, un poro dorsalmente inclinado; ovario ínfero, 5-locular; estigma difuso. Fruto 9–11 mm, baya, rojiza; semillas 0.5–0.7 mm, piramidales.

9. Clidemia discolor (Triana)Cogn., DC. Mon. Phan. 7: 1025 (1891).– **Fig. 3B.**

Arbusto 1.6–5 m. Tallo cuadrangular, estrigoso. Hojas isomorfas; pecíolo 4–13 cm; lámina 14–27 x 10–18.5 cm, cordiformes u ovadas, base cordada o redondeada, ápice cuspidado, margen distalmente ciliado-crenada; 7 nervios principales, haz furfuráceo en la base, envés estrigoso, indumento 0.1–0.2 mm, nervios con indumento estrellado. Inflorescencia 1–1.5 cm, panícula axilar; pedúnculo 1–4 cm; dos bracteolas elípticas, ciliadas. Flor tetrámera; hipantio 2–3.5 mm, terete, glabro; sépalos fusionados en la base; pétalos 3 x 1.5 mm, blancos; 8 estambres, poro ventro-apical; ovario ínfero, 3–4-locular; estigma no expandido. Fruto no visto.

10. Clidemia epiphytica (Triana)Cogn. en DC. Mon. Phan. 7: 1025 (1891) var. **epiphytica.–** **Fig. 3C.**

Trepadora leñosa 1–4 m. Tallo terete, escasamente setuloso. Hojas marcadamente dimorfas; pecíolo 0.2–0.4 cm o 1–16 cm; lámina 1–2.5 x 0.4–1 cm o 10–27 x 6–15.5 cm, elípticas u obovadas, base cordada, ápice acuminado, margen doblemente aserrado-ciliada, 7–9 nervios principales, glabras o escasamente setulosas. Inflorescencia 2.5–5 cm, panícula axilar; bracteolas 1–1.7 mm. Flor tetrámera; hipantio setuloso con tricomas glandulares caducos; sépalos 5–5.5 x 1.2 mm, ciliados; pétalos 3–3.2 x 1.2 mm, blancos; 8 estambres, un poro ventro-apical; ovario

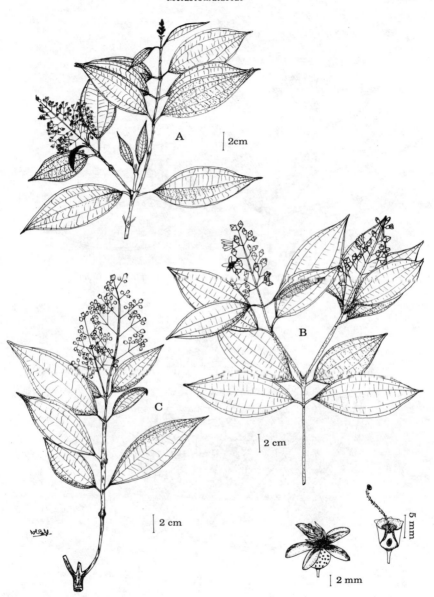

Figura 6.   A. *Miconia brevitheca,* hábito; B. *M. explicita,* hábito, flor y gineceo, y,
C. *M. gracilis,* hábito.

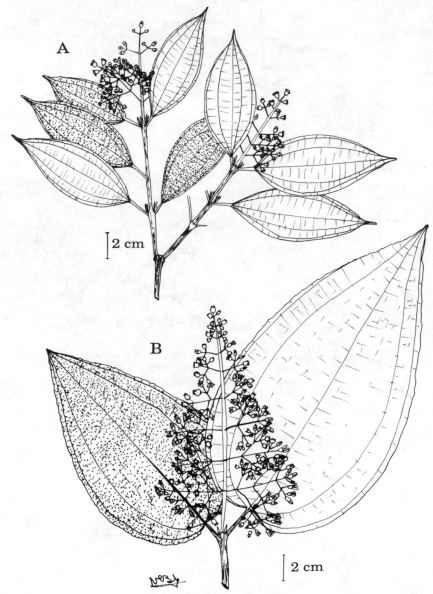

Figura 7. Hábito de: A. *Miconia loreyoides,* y, B. *M.* sp.

3 cm

Figura 8. *Monolena primulaeflora*; hábito.

ínfero, 4-locular; estigma expandido.   Fruto 6 mm, baya; semillas 0.5 mm, numerosas,
ovoides.

11. Conostegia centronioides Markgraf, Notizbl. 14: 33 (1938) var. **centronioides.–**
Fig. 4A.

Árboles o arbustos 2–5 m. Tallo, joven cuadrangular, maduro terete, estrellado. Hojas ligeramente dimorfas; pecíolo 0.5–3.7 cm; lámina 8–16 x 3–7 cm, elíptica, base atenuada, ápice caudado de (6–)8–13 mm, margen distalmente dentada, 5–7 nervios principales, ligeramente plinervias, tricomas estrellados sésiles.   Inflorescencia 1.5–13 cm, panícula terminal, indumento
estrellado sésil; bracteolas 2–2.8 mm. Flor epígina; botón 6–11 mm, ápice agudo redondeado,
cubierto con tricomas estrellados; cáliz caliptrado en el boton, circuncísil en la antesis; 5–7 pétalos 7.5–10 x 7–8 mm, blancos; 19–24 estambres, geniculados, un poro ventro-apical; ovario 6-
locular; estigma difuso o subcapitado. Fruto 6 mm, baya; semillas 0.6–0.7 mm.

12. Conostegia montana (Sw.)D.Don ex DC., Prodr. 3:175 (1828).– **Fig. 4B.**

Arbustos 2 m. Tallo, joven cuadrangular, maduro terete, indumento estrellado, sésil, esparcido.

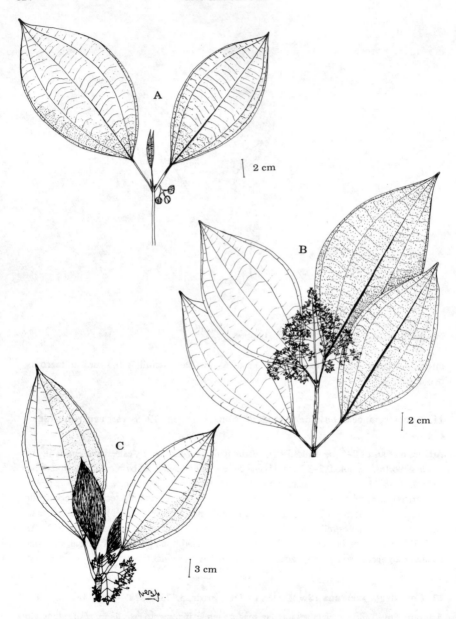

Figura 9. Hábito de: A. *Ossaea bracteata*, B. *O. laxivenula*, y, C. *O. macrophylla*.

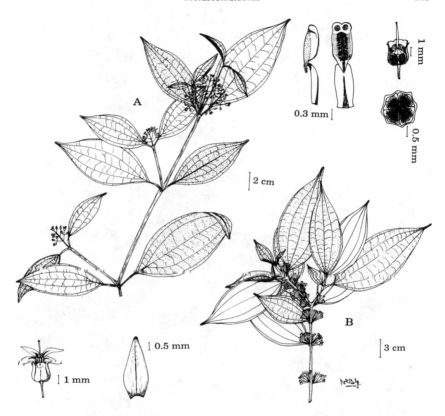

Figura 10. A. *Ossaea micrantha* hábito, estambres, gineceo, corte transversal del ovario, flor y pétalo, y, B. *O. robusta*.

Hojas dimorfas; pecíolo 0.7–1.5 cm o 1.4–2 cm; lámina 5.5–12 x 2.5–6 cm o 10.5–14 x 6–7 cm, elípticas, base atenuada o redondeada, ápice caudado, margen distalmente aserrulado-ciliada, 5 nervios principales, indumento estrellado sésil, en el envés solo sobre los nervios. Inflorescencia 5.5–12 cm, panícula terminal; 2 bracteolas caducas. Flor epígina; botón ovoide, pocos tricomas estrellados sésiles; cáliz caliptrado en el botón y circuncísil en antesis; 5 pétalos 6 x 2 mm, blancos, haz puberulento; 12–14 estambres, poro ventro-apical; ovario 7-locular; estigma expandido, diámetro 1.5 mm. Fruto desconocido.

13. Conostegia setosa Triana, Trans Linn. Soc. Bot. 28: 99 (1871).– **Fig. 4C.**

Arbustos de 1–4 m. Tallo, joven cuadrangular, maduro terete, estrigoso, con nudos estrigosos.

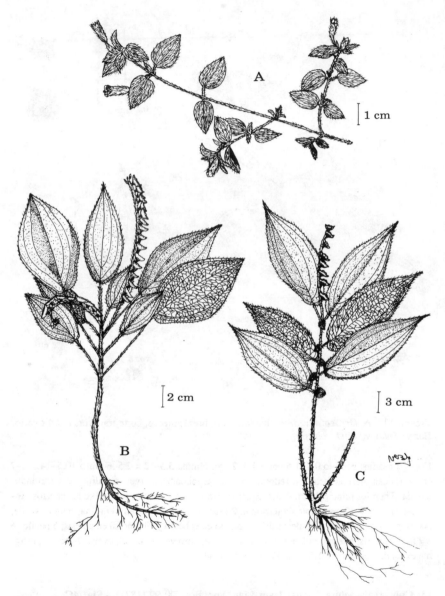

Figura 11. Hábito de: A. *Pilocosta nana,* B. *Triolena barbeyana,* y, C. *T. pedemontana.*

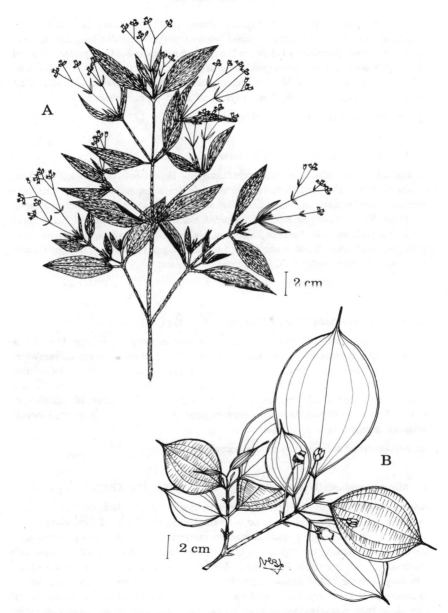

Figura 12. Hábito de: A. *Tibouchina longifolia*, y, B. *Topobea* aff. *caudata*.

Hojas dimorfas; pecíolo 0.5–2 cm, estriguloso; lámina 13–27 x 6–15 cm ó 21.5–32 x 10.5–19 cm, elípticas u obovadas, base cuneada, ápice caudado, margen aserrada ciliada distalmente, 5 nervios principales, formicarios 1–5 cm, en la base. Inflorescencia 5–14 cm, panícula terminal. Flor epígina; botón 7–8 mm, ápice agudo con setas 0.5 mm; cáliz caliptrado; 4–5 pétalos, 3–6 x 4.5–5 mm, blancos o rosados; 14–17 estambres, poro ventro-apical; ovario 6–7-locular; estigma ligeramente expandido. Fruto 4 mm, baya; semillas 0.5–0.7 mm, ovoides.

Este especie es un registro nuevo para el Ecuador.

14. Leandra granatensis Gleason, Brittonia 2: 319 (1937).– **Fig. 5.**

Subfrútex 1–2.5 m. Tallo terete, densamente estrigoso. Hojas isomorfas; pecíolo 0.7–7.5 cm; lámina 12–21 x 6–11, ovada o elíptica, base atenuada, ápice cuspidado, margen denticulada o aserrada; 7 nervios paralelos, estrigosos. Inflorescencia 12–23 cm, panícula terminal o lateral, 12–23 cm. Flor sésil perígina; hipantio 2–3 mm, densamente estrigoso; cáliz 5-lobular, con un diente setuloso lanceolado; 5 pétalos 2 x 0.9 mm, blancos; 10 estambres, apéndice dorso-basal de 0.1 mm, poro ventro-apical; ovario ínfero, 5-locular; estigma ligeramente capitado. Fruto 4–5 mm, baya, terete; semillas 0.3–0.4 mm, elipsoides, rugosas.

Recolectada en áreas secundarias.

15. Miconia brevitheca Gleason, Brittonia 2: 322 (1937).– **Fig. 6A.**

Arbustos o árboles 2–8 m. Tallo joven cuadrangular, maduro terete, puberulento. Hojas ligeramente dimorfas; pecíolo 0.7–6.5 cm; lámina 6.5–15.4 x 2–5.2, elíptica, margen aserrada en estado joven y ligeramente aserrado en madurez, 3 nervios principales, puberulenta. Inflorescencia 4.7–10.5 cm, panícula terminal o lateral. Flor subsésil; hipantio 1.1–2 mm, cáliz 5-lobular, ciliado, seta apical 0.2–0.3 mm; 5 pétalos, 0.9–1.4 x 0.7–1.1 mm, blancos; 10 estambres dimorfos, 5 grandes externos, 5 pequeños internos, poro ventro-apical; ovario ínfero, 3-locular; estigma expandido. Fruto 2–3 mm, baya.

Recolectada dentro de la reserva y en áreas secundarias.

16. Miconia explicita Wurdack, Phytologia 26: 3 (1973).– **Fig. 6B.**

Árboles pequeños o arbustos 1–5 m; densamente lepidoto-estrellado. Tallo joven cuadrangular, maduro terete. Hojas isomorfas; pecíolo 1–1.7 cm; lámina 11–25 x 3.5–7.5 cm, elíptica, base atenuada o redondeada, ápice agudo-acuminado, márgenes enteras, 3 nervios principales, los dos laterales ligeramente poculados hacia la base, pubescente. Inflorescencia 7–9 cm, panícula terminal; pedicelos articulados. Flor; hipantio 4–4.5 mm; cáliz casi cerrado en el botón, en la antesis irregularmente lobado, pubescente; 5 pétalos, 7.5–9.5 x 3.7–5 mm, blancos, envés lepidoto-estrellado; 10 estambres, filamentos basalmente glandular puberulentos, antera distalmente curvada delgada, conectivo engrosado en la base y glandular puberulento; ovario 1/4 ínfero, 5-locular; estigma expandido, diámetro 1–1.1 mm. Fruto 4.5 mm, baya; semillas 0.7–0.8 mm, ovoides.

17. Miconia gracilis Triana, Trans. Linn. Soc. Bot. 28: 107 (1871).– **Fig. 6C.**

Arbustos o árboles pequeños; pecíolos, venas principales del envés y las inflorescencias moderada pero deciduamente resino-granulosos. Tallo terete, nudos sin líneas interpeciolares. Hojas isomorfas; pecíolo 0.5–1.5 cm; lámina 10–24 x 4–9 cm, oblongo-elíptica, base aguda a estrechamente obtusa, ápice acuminado, membranáceas y enteras, glabras, 3 nervios principales, vénulas laxamente reticuladas. Inflorescencia 5–10 cm, panícula; bracteolas deciduas. Flor pentámera; hipantio 2.8 mm, moderadamente resino-granuloso; sépalos con un diente externo; pétalos 3.1–3.2 x 1.4–1.5 mm, ovado-oblongos, blancos, moderadamente granulosos; estambres ligeramente dimorfos, poro ventral pequeño (anteras grandes) o dorsal (anteras pequeñas); conectivo no prolongado; ovario (2–) 3-locular; estilo glabro; estigma expandido. Fruto no visto.

Identificación en base a estructuras vegetativas, descripción de las estructuras florales tomada de Wurdack (1980).

18. Miconia loreyoides Triana, Trans. Linn. Soc. Bot. 28: 121 (1871).– **Fig. 7A.**

Trepadora leñosa. Tallo joven cuadrangular, maduro terete, completamente cubierto con escamas estrelladas. Hojas dimorfas; pecíolo 1–1.5 cm ó 1.5–3.5 cm; láminas 5.5–18 x 3–6 cm o 11–19 x 3.5–8 cm, elípticas, base atenuada o ligeramente redondeada, ápice cuspidado o caudado, margen distalmente ondulado-aserrulada, 5 nervios principales poculados en la base, tricomas estrelladas sésiles, más numerosos en el envés. Inflorescencia 6.5–12 cm, panícula terminal. Flor epígina; hipantio 2 mm, puberulento y estrellado-furfuráceo; cáliz 5-lubular; 5 pétalos, 3.5 x 3 mm, rosados; 10 estambres geniculados; filamento glandular puberulento; ovario ínfero (4–) 5-locular; estigma 4–5-lobado. Fruto 5–7 mm, baya, rosada, superficie granulosa; semillas 0.5–0.9 mm, ovoides.

19. Miconia sp.– **Fig. 7B.**

Trepadora leñosa. Tallo, terete, lepidoto–estrellado. Hojas dimorfas; pecíolo 1.4–2.5 cm; láminas 23–27 x 12.5–14 cm ó 9.5–17.5 cm x 6.5–11 cm, elípticas, base redondeada, ápice agudo-acuminado, margen sinuado-aserrada, 5 nervios, indumento lepidoto-estrellado, en el haz solamente a lo largo de los nervios. Inflorescencia 16–26 cm, panícula terminal. Flor parcialmente epígina; cáliz 5-lobular, ápice con tricomas dendríticos; 5 pétalos, 4–4.8 x 2.5–3 mm, externamente con pelos lepidoto estrellados; 10 estambres dimorfos; ovario 5-locular; estigma expandido. Fruto baya costada, 5–6 mm; semillas 0.6–0.7 mm, triangulares.

20. Monolena primulaeflora Hook.f., Bot. Mag., pl. 5818 (1870).– **Fig. 8.**

Hierba epífita suculenta con rizoma grueso. Hojas isomorfas; pecíolo 11.5–23 cm; lámina 16–28 x 6–19.5 cm, elípticas ovadas, base redondeado-atenuada, ápice agudo o acuminado, margen irregularmente ciliado-aserrulada, haz glabro, envés estriguloso. Inflorescencia 5–15.5 cm, cima escorpioide, 3–11 flores sustentada por un escapo de (16–) 20–45 (–52) cm; bracteolas caducas. Flor; hipantio 3–3.5 mm, tricostato; cáliz 5-lobular; 5 pétalos, 20–22 x 15 mm, rosados; 10 estambres ligeramente dimorfos; ovario súpero; estilo engrosado distalmente. Fruto 6–10 mm, capsular, triquetro; semillas 0.6–0.8 mm, numerosas, obovoides ligeramente rugosas.

21. Ossaea bracteata Triana, Trans. Linn. Soc. Bot. 28: 147 (1871).– **Fig. 9A.**

Arbusto 2–4 m. Tallo, joven cuadrangular, maduro terete, glabro. Hojas ligeramente dimorfas; pecíolo 3–7.5 cm; lámina 15–29 x 7–18.5 cm, elípticas, base atenuada o ligeramente decurrente, ápice acuminado o cuspidado, margen entera, 5 nervios principales, ligeramente plinervias, glabras. Inflorescencia 3.5–5.5 cm, panícula axilar; bracteolas con haz villoso. Flor sésil o subsésil; hipantio 2.5–4 mm, pinoide furfuráceo y densamente resino-granuloso, terete; cáliz 5-lobular, villoso; 5 pétalos, 3 x 1.2–2 mm, blancos, envez con tricomas; 10 estambres, apéndice basal glandular puberulento, poro dorso–apical; ovario 5-locular; estigma ligeramente difuso. Fruto desconocido.

Esta especies es un registro nuevo para el Ecuador.

22. Ossaea laxivenula Wurdack, Phytologia 26: 407 (1973).– **Fig. 9B.**

Arbustos 2.5–5 m. Tallo terete, glabro. Hojas ligeramente dimorfas; pecíolo 1.5–3.5 cm ó 1–2.5 cm; lámina 23.5–30 x 10–16 cm ó 21– 28 x 9–14 cm, elípticas, base decurrente-atenuada, margen entera, ápice agudo–acuminado, 5 nervios principales, ligeramente plinervias, con tricomas estrellados. Inflorescencia panícula terminal; bracteolas triangulares deciduas cubiertas de escamas estrelladas. Flor epígina; hipantio 2 mm, con escamas estrelladas; cáliz irregular; 4 pétalos 2.8–3.3 x 0.9–1.1 mm, blancos; 8 estambres, poro dorso-apical; ovario 4-locular; estigma no expandido. Fruto 0.6–1 cm, baya, 8 costata; semillas 0.4–0.5 mm, estrechamente lanceoladas.

23. Ossaea macrophylla (Benth.)Cogn., DC. Mon. Phan. 7: 1064 (1891).– **Fig. 9C.**

Árboles o arbustos 2.5–5 m; cuando jóvenes el tallo, el envés de las hojas y las inflorescencias densamente cubiertos por pelos finos flexuosos deciduos. Tallo, joven cuadrangular, maduro terete. Hojas ligeramente dimorfas; pecíolo 3.5–9 cm; lámina 17.5–40 x 9–19 cm, elípticas u obovadas, base atenuada, ápice caudado, margen dentada, con 5 nervios principales. Inflorescencia panícula terminal o pseudo-lateral; 2 bracteolas. Flor epígina; hipantio 2–4 mm, externamente furfuráceo e internamente con tricomas glandulares; cáliz ondulado, furfuráceo; 5 pétalos

3.7–4.9 x 1.4–1.8 mm, blancos, externamente puberulentos; 10 estambres; ovario 5-locular; estigma no expandido. Fruto 2–3 mm, baya 10–costata; semillas 0.4–0.5 mm, numerosas, estrechamente lanceoladas.

24. Ossaea micrantha (Sw.)Macf. ex Cogn., DC. Mon. Phan. 7: 1066 (1891).– **Fig. 10A.**

Arbusto 1–3 m; las hojas muy jóvenes, inflorescencias e hipantio dispersos y deciduamente cubiertos de un indumento amorfo escamoso y glándulas pequeñas, cuando jóvenes con tricomas de 0.1–0.2 mm y en la madurez glabros. Tallo terete, glabro. Hojas dimorfas; pecíolo 0.4–1.3 cm o 0.6–2.5 cm; láminas 6.5–13.5 x 2–5.2 cm o 9–20 x 4–8 cm, elípticas, bases asimétricas, ápices caudado-cuspidados, márgenes enteras, 3 nervios principales, plinervias. Inflorescencia panícula terminal o lateral. Flor tetrámera, epígina; hipantio 2–2.1 mm, tricomas estrellados; cáliz 4-lobular, ciliado, tricoma apical 0.7 mm; 4 pétalos, 3.8–4 x 1.8–1.9 mm, blancos; 8 estambres isomorfos, 2 poros dorso-apicales; ovario 4-locular; estigma ligeramente expandido. Fruto 0.6–1 cm, baya, blanca.

25. Ossaea robusta (Triana)Cogn., DC. Mon. Phan. 7: 1065 (1891).– **Fig. 10B.**

Arbusto 1–2 m. Tallo terete, indumento glandular. Hojas ligeramente dimorfas; pecíolo 0.3–1.5; lámina 7.5–19.5 x 3.5–8 cm, elíptica, base atenuada, ápice aristado, margen entera, 5 nervios principales, haz glabro a estrellado, envés pubescente a lo largo de los nervios. Inflorescencia 0.8–1.4 cm, panícula pseudoaxilar. Flor epígina; hipantio 1.4–1.8 mm, 8 costado; 4 sépalos, 1.1–1.5 x 1.2–1.5 mm; 4 pétalos, 3.3–4.2 x 1.3–1.5 mm, blancos; 8 estambres, con un apéndice dorso-basal, márgenes glandulares puberulentas; ovario 4-locular; estigma clavado. Fruto, baya; semillas 0.5–0.6 mm, triangulares, rugosas.

Recolectada en áreas primarias. Los especímenes muestran ciertas afinidades a *O. asplundii.*

26. Pilocosta cf. **nana** (Standl.)Almeda & Whiffin, Syst. Bot. 5: 307 (1980).– **Fig. 11A.**

Hierba 20–40 cm, postrada. Tallo terete, estrigoso, tricomas dimorfos de 1–3 mm. Hojas isomorfas; pecíolo 0.5–5 mm; lámina 1.1–2.2 x 0.6–1.5 cm, elípticas, base redondeada, ápice acuminado, margen dentado-aserrada, estrigosa, 5 nervios principales. Inflorescencia, flores solitarias axilares. Flor hipógina; hipantio 2–7 mm, estrigoso; cáliz 4-lobular, tricomas 1–5 mm; 4 pétalos, 9.5–14 x 7–12 mm, violetas, ciliados, seta apical 1 mm; 8 estambres dimorfos, conectivo 0.3–0.5 mm, prolongado hacia la base, formando dos apéndices ventro-basales de 0.3–0.5 mm, un poro inclinado ventralmente; ovario 4-locular; estigma crestado. Fruto 1.5–1.5 cm, cápsular; semillas 0.4–0.5 mm, cocleares, tuberculadas.

Recolectada en áreas secundarias.

27. Tibouchina longifolia (Vahl)Baillon, Adansonia 12: 74 (1877).– **Fig. 12A.**

Subfrútice 0.8–1 m. Tallo cuadrangular, estrigoso. Hojas ligeramente dimorfas; pecíolo 0.6–1 cm; lámina 3.5–7 x 1–2 cm, lanceoladas, base atenuada, ápice agudo, margen ciliado-aserrada, estrigosa, 5 nervios paralelos. Inflorescencia panícula terminal o axilar; brácteas 1.5–3 cm. Flor hipógina, inconspicua; hipantio 3 mm, estrigoso; cáliz 5-lobado, pubescente; 5 pétalos, 3 x 1.3 mm, blancos, ciliados, tricoma apical 1 mm; 10 estambres ligeramente dimorfos, apéndice ventral, poro ventro-apical; ovario 5-locular, ápice pubescente; estigma capitado. Fruto 9 mm, cápsula; semillas 0.25–0.3 mm, numerosas, cocleadas, tuberculadas.

Esta especie se encuentra en áreas secundarias.

28. Topobea aff. **caudata** Wurdack, .– **Fig. 12B.**

Trepadora arbustiva, 2–5 m. Tallo terete, glabro. Hojas dimorfas; pecíolo 0.5–2.2 cm; láminas 3.5–11 x 2–6 cm ó 6–15.5 x 4–8.5 cm, obovadas, base atenuada, ápice aristado, margen entera, 5 nervios principales. Inflorescencia axilar, 2–3 flores por nudo; pedicelo 1.2–4.5 cm; 4 bracteas, dimorfas. Flor hipógina; hipantio glandular puberulento; 6 sépalos, glandular puberulenta; 6 pétalos, 8 x 3.8–4 mm; 12 estambres unidos, apéndice dorso-basal; ovario 4-locular; estigma no expandido. Fruto 1 cm, baya, blanca; semillas 7–9 mm, piramidales.

Recolectada en áreas primarias.

29. Triolena barbeyana Cogn., DC. Mon. Phan. 7: 542 (1891).– **Fig. 11B.**

Arbusto 20–60 cm. Tallo terete, piloso. Hojas ligeramente dimorfas; pecíolo 1.2–5.4 cm; láminas 7–14 x 3.2–5.8 cm o 5–8.7 x 2.3–4.5 cm, elípticas u obovadas, base subcordada oblicua, ápice acuminado-agudo, margen ciliada, haz estriguloso, envés rojizo, estrigoso. Inflorescencia 2.3–13.5 cm, cima escorpioide. Flor hipógina, sésil; hipantio 3 mm, tricostato; 5 sépalos, 1 mm, seta apical 2 mm; 5 petalos, 5.5–7 x 3.5–4 mm, blancos; 10 estambres, 3 apéndices ventro-basales, un poro ventro-apical; ovario 3-locular; estigma poco expandido. Fruto 0.5–1 cm, capsular; semillas 0.6–0.7 mm, obpiramidales.

30. Triolena pedemontana Wurdack, Phytologia 35: 243 (1977).– **Fig. 11C.**

Arbusto 20–60 cm. Tallo tomentoso. Hojas marcadamente dimorfas; pecíolo ausente o 1–3 cm; lámina 0.6–1.5 x 0.5–0.8 cm o 0.6–3 x 9–18.5 cm, elíptica u obovada, base oblicua, margen ciliada, dentada o biserrada distalmente, estrigulosa, 7 nervios. Inflorescencia 4.5–11 cm, cima escorpioide, terminal. Flor perígina; hipantio 2.5–3 mm, pubescente; 5 sépalos, 0.7 mm, seta apical 1.7–1.8 mm; 5 pétalos, 3.5–4 x 3–3.2 mm, blancos; 10 estambres, 2 apéndices ventro-basales, poro ventro–apical; ovario 3-locular; estigma capitado. Fruto 5 mm, capsular; semillas 0.5–0.8 mm, obpiramidales.

Literatura citada

Wurdack, J. 1980. 138. Melastomataceae, *En* Flora of Ecuador (eds. G. Harling y B. Sparre) 13: 1–405.

10. Zingiberaceae

Por **Carmen Ulloa U.**

La familia Zingiberaceae tiene una distribución tropical, consta de unos 50 géneros y unas 1.500 especies y es especialmente diversa en el sur y sureste de Asia. En América tropical el único género nativo es *Renealmia*, que contiene unas 90 especies, ca. 65 especies son neotropicales y ca. 25 se encuentran en Africa. En el Ecuador la familia está representada por unas 20 especies de *Renealmia* (Maas, 1976). Dos especies introducidas *Hedychium coronarium* y *Zingiber officinale* se mencionan solamente en la clave, ambas especies son seminaturales y están cultivadas cerca de las viviendas por su valor ornamental y medicinal.

ZINGIBERACEAE Lindl. 1835, nom. cons.

Hierbas pequeñas a gigantes, rizomatosas, acaulescentes, aromáticas. Hojas dísticas, con vaina basal abierta, pecíolo corto o ausente; lígula adaxial. Inflorescencia terminal en el tallo o basal surgiendo directamente del rizoma; brácteas en espiral y una flor o una cima de flores axilar en cada bráctea; bracteola floral sosteniendo cada una de las flores. Flores con cáliz de 3 sépalos parcial- o totalmente fusionados; corola de 3 pétalos unidos en la base formando un tubo; 1 estambre funcional y 3 estaminodios, el central denominado labelo y 2 laterales adnados en la base de éste; ovario ínfero, trilocular, de placentación axial y numerosos óvulos en cada lóculo; estilo filiforme, 1 estigma papilado. Fruto una cápsula con numerosas semillas ariladas.

CLAVE PARA LAS ESPECIES

1. Flores con estaminodios laterales carnosos. Inflorescencia basal, surgiendo directamente del rizoma.
   2. Labelo carnoso. Brácteas rosado–anaranjadas. Perianto amarillo. Hierbas de aproximadamente 3 m. **1. Renealmia thyrsoidea** ssp. **thyrsoidea**
   2. Labelo petaloide. Brácteas verdes. Perianto blanco. Hierba de aproximadamente 1 m. **2. Renealmia variegata**
1. Flores con estaminodios laterales petaloides. Inflorescencia terminal en el brote con hojas o basal. (Plantas introducidas y cultivadas).

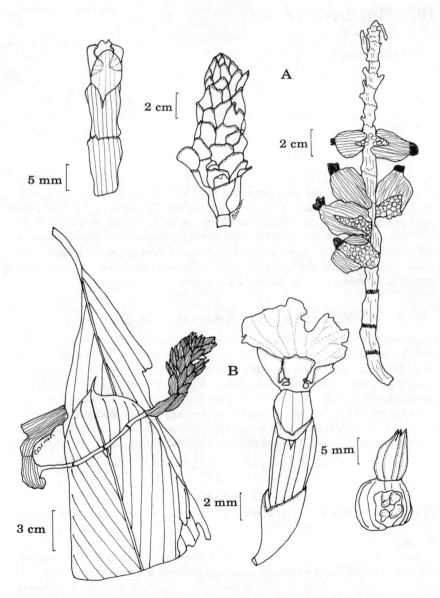

Figura 1. A. *Renealmia thyrsoidea* subsp. *thyrsoidea* flor, inflorescencia e infructescencia; y, B. *R. variegata* inflorescencia y hoja, flor y fruto.

3. Flores blancas, labelo bilobado. Inflorescencia terminal. *Hedychium coronarium*
3. Flores amarillo–anaranjadas o moradas, labelo trilobado. Inflorescencia basal o terminal. *Zingiber officinale*

1. **Renealmia thyrsoidea** (Ruiz & Pavón) Poepp. & Endl. Nov. gen. & sp. 2: 25, t. 134 (1838) subsp. **thyrosidea.**– Fig. **7.**

Hierba de 2.5–4 m; lámina 17–66 x 7–17 cm, angostamente elíptica. Inflorescencia 6–15 x 2.8–3.7 cm, ovoide a elíptica; brácteas rosado–anaranjadas, puberulentas; bracteola floral amarilla, puberulenta. Flores; cáliz 17–22 mm, amarillo, pubescente; tubo de la corola 14–15 mm, amarillo, pubescente; lóbulos de la corola 12.5–16 x 8.5–13 mm, anchamente ovados, amarillos, puberulentos; labelo 12.5 x 11.5 mm, carnoso, amarillo–anaranjado; ovario 7–9.5 mm, verde, pubescente. Cápsula 2.1–4 x 1.8–3.5 cm, negro–morada.

Se encuentra en grupos dentro del bosque primario. Se caracteriza por las brácteas conspicuas y por un agradable olor cítrico. En el área se utiliza esta especie en la medicina popular y los frutos son comestibles (Ríos, 1988).

2. **Renealmia variegata** Maas & Maas, Notes Roy. Bot. Gard. Edinb. 44 (2): 241, f.3 (1987).– Fig. **8.**

Hierba de 0.5–1 m; lámina 24.5–40 x 7–11 cm, angostamente elíptica a angostamente obovada. Inflorescencia 4.2–8.2 x 1.4–2.5 cm, ovoide a elíptica; brácteas verdes, puberulentas; bracteola floral verdosa, puberulenta. Flores; cáliz 9 mm, blanco, pubescente; tubo de la corola 8.5 mm, blanco pubescente; lóbulos de la corola 3.5–4 x 2–3 mm, anchamente obovados, blancos, pubescentes; labelo 7 x 8.5 mm, petaloide, blanco; ovario 2 mm, blanco, pubescente. Cápsula 7–8.5 x 6.5–8 mm, anaranjada con verde.

Maas y Maas (1987) caracterizan a esta especie por las rayas blancas en el haz de la lámina, una característica que no se presenta en la naturaleza, la cual solamente se observa en los especímenes secos, incluyendo el tipo (Ulloa 87, QCA). Este bandeo podría corresponder a las numerosas inclusiones celulares (oxalato de calcio o sílice) presentes en las láminas de las zingiberáceas (Tomlinson, 1956) las que posiblemente se evidencien de esta forma al secarse. Estas bandas blanquesinas se observan también en otras especies. Se encuentra dentro del bosque primario cerca a los riachuelos. Los únicos registros para el Ecuador provienen de esta área.

Literatura citada

Mass, P. J. M. 1976. Zingiberaceae, *En* Flora of Ecuador (eds. G. Harling & B. Sparre) 6: 1–50.

Maas, P. J. M. y H. Maas. 1987. Notes on new World Zingiberaceae: III. Some New species in *Renealmia*. — Notes Roy. Bot. Gard. Edinburgh, 44 (2): 237–248.

Ríos, M. 1988. Etnobotánica de la Reserva ENDESA y el Caserío Alvaro Pérez Intriago, Noroccidente de la Provincia de Pichincha, Ecuador. Tesis Licenciatura, Pontificia Universidad Católica del Ecuador, 241pp.

Tomlinson, P. B. 1956. Studies in the systematic anatomy of the Zingiberaceae. — J. Linn. Soc. Bot. 55: 547–592.